MÉDECINE

PHYSIOLOGIQUE

Dᴿ TONY MOILIN

MÉDECINE

PHYSIOLOGIQUE

MALADIES

DES VOIES RESPIRATOIRES

**Maladies des Fosses nasales, de la Gorge, du Larynx
et de la Poitrine**

PARIS

A. PARENT, IMPRIMEUR DE LA FACULTÉ DE MÉDECINE

RUE MONSIEUR-LE-PRINCE, 31

1867

PRÉFACE

Ainsi que l'indique son nom, la médecine *allo-pathique* cherche à guérir en produisant des mala-dies articielles moins dangereuses et moins opiniâ-tres que les naturelles. Les moyens à l'aide desquels elle atteint ce but sont fort nombreux et tous les jours on en découvre de nouveaux; car, s'il n'existe qu'une façon de se porter bien, il y en a mille d'être malade. Aussi, le médecin *allopathe*, qui réduit toute sa science à l'art de créer des maladies, n'a-t-il d'autre embarras que l'abondance des procé-dés et la difficulté du choix.

Veut-il par exemple diminuer la masse du sang et produire une *anémie*, il saigne, met des sangsues et des ventouses, ou prescrit une diète sévère.

Désire-t-il développer un *érythème*, il le fait en

ordonnant des sinapismes et des bains de pied sinapisés.

Pense-t-il que le malade se trouvera bien d'avoir une *plaie* vive sur le corps, il l'obtient avec les vé-sicatoires, les cautères, les fontanelles, les sétons, le fer rouge et les caustiques.

Lui semble-t-il que des *douleurs* et des *convulsions* seront d'un bon effet, il a recours à des courants électriques qu'il dirige à travers les parties ma-lades.

Croit-il un *vomissement* avantageux, il administre un vomitif, l'émétique ou l'ipéca.

Juge-t-il une *diarrhée* plus utile, il la provoque en donnant un purgatif.

Enfin, est-il convaincu qu'un *empoisonnement* est indispensable, il prescrit, sous mille formules di-verses, la morphine, la quinine, l'atropine, la digi-taline, l'arsenic, le mercure et toute cette multitude de substances dangereuses composant l'arsenal pharmaceutique.

En résumé, l'*allopathie* ne guérit jamais une ma-ladie qu'à la condition d'en donner une autre. Tous ses remèdes sont des poisons plus ou moins nuisi-bles à la santé, et la preuve, c'est qu'un homme bien portant ne saurait les prendre sans tomber malade aussitôt.

La médecine dite *homéopathique* emploie à peu près les mêmes substances que *l'allopathie ;* seulement, et c'est là son originalité, elle les prescrit à doses infiniment plus petites. Cette circonstance, bien loin d'annuler l'action nuisible des médicaments, l'exagère plutôt, les poisons étant absorbés d'autant plus sûrement par nos tissus qu'ils se présentent en quantité moindre pour y pénétrer. C'est du moins ce que tendent à prouver les faits suivants :

Quand on prend en une seule fois 1 gramme de calomel, on a une diarrhée ordinaire semblable à celle que produirait une purgation à l'huile de ricin. Mais si au lieu de 1 gramme on en ingère 5 centigrammes seulement, c'est-à-dire vingt fois moins, on se donne une véritable maladie, la salivation mercurielle, premier symptôme de l'empoisonnement par le mercure. Enfin, si à la place des 5 centigrammes de calomel on a absorbé les vapeurs métalliques presque impondérables dégagées dans les ateliers des doreurs et des miroitiers, ce n'est plus une simple salivation qui se produit alors,

mais une affection beaucoup plus grave et presque incurable, le tremblement mercuriel.

Autre exemple. Si vous prenez tout d'un coup
1 gramme d'acétate de plomb, vous serez purgé
avec plus ou moins de force et n'aurez pas d'autre
mal. Absorbez au contraire le plomb en quantités
imperceptibles, comme le font les peintres en bâtiments et les ouvriers travaillant à la céruse, et vous
contracterez bientôt une colique de plomb infiniment plus fâcheuse que la plus violente des pur-
gations.

Quoi qu'il en soit, que la petitesse des doses *ho-
méopathiques* augmente ou non l'activité des médicaments, toujours est-il que les *homéopathes* accep-
tent le principe médical des *allopathes*, et eux aussi
ne savent guérir la maladie qu'en la combattant avec
une autre maladie. Bien entendu, l'accord des deux
médecines s'arrête là, et elles diffèrent du tout au
tout quand il s'agit de trouver les maladies artifi-
cielles qui doivent servir de remèdes. Les *homéopathes* les veulent semblables aux affections traitées ;
les *allopathes* les préfèrent contraires, ou au moins
très-différentes. Bien plus, les partisans d'une même
doctrine discutent sans cesse sur les médicaments

à donner, et, dans un même cas, l'un saignera, tandis qu'un autre purgera et qu'un troisième prescrira un vésicatoire. Mais ces dissidences individuelles ne font que mieux ressortir l'unanimité du corps médical qui, par tous ses membres et dans toutes les écoles, proclame la maxime fondamentale qu'une maladie doit toujours être combattue par une autre maladie.

Du reste, tous les médecins de bonne foi accordent volontiers que leur façon de traiter est douloureuse dans ses procédés, incertaine dans ses résultats et terrible dans ses erreurs. Mais, disent-ils, il faut bien qu'ils se contentent de cette médecine et le public également. C'est la médecine de leurs pères ; telle ils l'ont apprise, telle ils la pratiquent ; voulussent-ils la changer, ils ne le pourraient pas, car ils n'en connaissent pas d'autre et ne savent faire que ce qu'ont fait les médecins de tous les temps, purger, saigner, mettre des vésicatoires et administrer des médicaments.

Je suis loin de nier l'efficacité de ces divers moyens. Autrefois, je les ai employés sur les autres et sur moi-même, et souvent ils m'ont donné de bons résultats. Mais je prétends que la

médecine actuelle n'a pas trouvé le dernier mot de
la science, et je crois qu'on peut guérir autrement
et mieux qu'elle ne le fait. Qui ne voit, en effet,
combien il est dangereux et pénible de se donner à
plaisir de nouvelles maladies qui viennent s'ajouter
à celles que l'on a déjà. Qui ne voit qu'il vaudrait
beaucoup mieux combattre le mal, non plus d'une
façon détournée, mais directement là où il est et à
l'aide des moyens qui lui sont contraires.

Or, le contraire d'une maladie, ce n'est pas une
autre maladie, c'est la santé. Le contraire de la
diarrhée, ce n'est pas d'être constipé, c'est de n'a-
voir pas la diarrhée et d'évacuer avec régularité. Le
contraire de la paralysie, ce n'est pas d'avoir des
convulsions, c'est de ne pas être paralysé et de se
mouvoir librement. Toute souffrance provient toujours de quelque désordre intéressant quelque organe. Pour la dissiper, il faut rendre la santé aux
parties malades et non rendre malades les parties
saines. Si j'ai mal à la tête, guérissez directement
ma tête et n'irritez pas mon intestin avec vos
innombrables purgatifs. Si je suis paralysé, agis-
sez directement sur ma moelle épinière et n'en-
flammez pas ma peau avec vos vésicatoires et vos

fontanelles. Si j'ai une fluxion de poitrine, traitez directement mon poumon et n'empoisonnez pas mon corps tout entier avec votre émétique et votre opium. Guérir en guérissant, au lieu de guérir en rendant malade, tel est le principe de la vraie médecine, non celle de nos pères, mais celle que pratiqueront nos enfants, non la médecine pharmaceutique, mais la médecine physiologique.

Dans un ouvrage que j'ai publié l'an passé (1), j'ai exposé en détail les principes et les fondements de cette médecine physiologique ; mais ce livre, consacré tout entier à des idées générales, ne s'occupait pas des maladies en particulier. C'était là une lacune, et c'est pour la combler que j'ai entrepris une série de publications dont voici le premier volume.

(1) Leçons de Médecine physiologique, par le Dr Tony Moilin, ancien interne des hôpitaux de Paris, in-8 de 300 p. Paris, 1866. Adrien Delahaye, place de l'École-de-Médecine.

MALADIES

DES

VOIES RESPIRATOIRES

De toutes nos maladies, les affections des voies respiratoires sont certainement les plus importantes et les plus fréquentes.

Chargé d'introduire dans le sang l'air indispensable à la vie, le système respiratoire ne peut être atteint un peu gravement sans mettre aussitôt l'existence en péril et sans amener, subitement ou lentement, en quelques jours ou en quelques années, une mort également certaine.

Quant à la fréquence des maladies des voies respiratoires, elle s'explique aisément par la situation même des parties servant à la respiration. Tandis que la plupart de nos organes sont abrités derrière la peau, que la peau elle-même est soigneusement protégée par les vêtements dont nous la recouvrons, les voies respiratoires, elles, sont en contact immédiat avec un air constamment renouvelé, supportant sans défense aucune la température de l'atmo-

sphère, subissant son humidité, absorbant ses principes nuisibles et trouvant dans l'élément même
qui entretient la vie, mille causes de souffrance et
de mort.

Les maladies des voies respiratoires se divisent
très-naturellement en sept classes, suivant qu'elles
sont situées plus avant dans l'intérieur du corps et
qu'elles intéressent les **fosses nasales**, la **gorge**,
le **larynx**, la **trachée**, les **bronches**, le **poumon**
et la **plèvre**.

C'est aussi dans cet ordre que nous allons en
faire l'histoire.

MALADIES

DES

FOSSES NASALES

———

Placées à l'entrée des voies respiratoires, les fosses nasales ont à supporter la première impression de l'air respiré. Aussi sont-elles affectées avec une fréquence extrême, mais leurs maladies ont en général peu de gravité. C'est qu'en effet les fosses nasales jouent dans la respiration un rôle assez secondaire, et ne sont à vrai dire qu'un lieu de passage. Bien plus, leur fonction peut être supprimée, l'air peut cesser de les traverser, sans que la respiration soit bien troublée, car alors elle s'effectue par une autre voie, la bouche.

Les fosses nasales ont il est vrai un autre usage, elles sont le siége de l'odorat; mais les affections de ce sens étant étrangères à la respiration, il n'en sera pas parlé dans ce volume.

Les maladies des fosses nasales, en ne prenant que les plus importantes, sont au nombre de cinq : **l'épistaxis**, le **coryza aigu**, le **coryza chronique**, **l'ozène** et les **polypes du nez.**

ÉPISTAXIS

HÉMORRHAGIE NASALE, SAIGNEMENT DE NEZ.

L'épistaxis est un écoulement sanguin ayant son point de départ dans l'intérieur des fosses nasales. Cette maladie est assez commune ; c'est même, après le flux menstruel, la plus fréquente de toutes les hémorrhagies.

L'épistaxis ne saurait exister qu'autant que les vaisseaux de la muqueuse nasale sont ouverts et permettent ainsi la sortie du sang contenu dans leur intérieur. Sous ce rapport, tous les saignements de nez se ressemblent, mais ils diffèrent les uns des autres par la nature des causes qui ont intéressé les vaisseaux ou qui entretiennent l'écoulement sanguin.

Tantôt l'épistaxis est la conséquence d'une violence extérieure qui a blessé la muqueuse nasale et y a fait une plaie plus ou moins étendue ; telles sont par exemple les hémorrhagies nasales survenant à la suite de coups sur le nez ou après l'introduction des doigts dans l'intérieur des narines.

D'autres fois, le saignement de nez est encore le résultat d'une plaie, mais d'une plaie qui s'est faite spontanément par ulcération et sans l'intervention d'aucune violence extérieure. Ces sortes d'épistaxis sont d'ordinaire peu abondantes et se bornent à quelques filets de sang teintant en rose le mucus nasal. Elles indiquent l'existence dans le nez d'un polype, d'un cancer, d'une plaie scrofuleuse ou d'une ulcération spécifique.

Souvent l'épistaxis n'est produite ni par une plaie ni par un ulcère, mais elle est due à un arrêt momentané de la circulation veineuse de la tête. Grâce à cet arrêt, les vaisseaux de la muqueuse nasale se gorgent de sang, et pour peu qu'ils aient de la tendance à faiblir, ils se rompent et laissent sortir leur contenu. C'est par ce mécanisme que se produisent les saignements de nez qui surviennent après les grands efforts musculaires, les cris, les chants, l'exercice de plonger sous l'eau, l'éternuement et la toux, particulièrement celle de la coqueluche, de l'asthme et des maladies du cœur.

Dans d'autres cas, l'épistaxis est provoquée par une diminution de la pression atmosphérique. Pendant la vie, le sang tient en dissolution des gaz, de l'oxygène, de l'acide carbonique, de l'azote. A l'état normal, ces gaz sont maintenus par l'air qui pèse sur eux et restent dans les tissus. Mais, quand la pression atmosphérique vient à diminuer, ils sont mis en liberté et s'échappent des vaisseaux en les déchirant, ouvrant ainsi une issue par où le sang s'écoule aussitôt. Du reste, cette espèce d'épistaxis est des plus rares, et on ne l'observe guère que dans les voyages en ballon ou les ascensions sur les hautes montagnes.

Une cause d'épistaxis beaucoup plus fréquente, c'est la paralysie des vaisseaux de la muqueuse nasale. Par suite de cette paralysie, les vaisseaux du nez se dilatent, se relâchent, et reçoivent du sang en quantité plus grande et avec plus de force que de coutume. Ainsi gorgés et distendus par le sang, ils se rompent spontanément ou sous l'influence des pressions les plus faibles, et, une fois rompus, ils deviennent le siége d'un écoulement sanguin dont l'abondance est proportionnée au degré de la paralysie.

Ces causes paralysant les vaisseaux de la muqueuse nasale sont très-nombreuses, et produisent la plupart des épistaxis. C'est d'abord la chaleur, celle des appartements et surtout celle du soleil, quand on a eu l'imprudence de s'exposer tête nue à son ardeur. C'est ensuite l'abus des boissons excitantes, du vin, de la bière, du café et des liqueurs fortes. C'est encore l'absorption de certains médicaments énergiques ayant la propriété de paralyser les vaisseaux, tels que le sulfate de quinine, l'iodure de potassium, la belladone et l'ergot de seigle. Ce sont enfin les veilles prolongées, les travaux d'esprit assidus, les contrariétés, les accès de colère et toutes les autres causes qui fatiguent ou épuisent le système nerveux, et produisent ainsi une paralysie nerveuse des vaisseaux de la muqueuse nasale.

Enfin, une dernière espèce d'épistaxis est due à

une altération du sang, à la diminution de sa coagulabilité. Lorsqu'un saignement de nez a lieu chez un individu bien portant, il est le plus souvent peu abondant et de courte durée, parce que le sang qui suinte sur la muqueuse nasale s'y concrète presque aussitôt, formant ainsi comme un tampon solide qui bouche l'ouverture des vaisseaux blessés et arrête l'hémorrhagie. Mais chez les sujets malades, dont le sang peu coagulable ne donne qu'un caillot mou et diffluent, il n'en est plus de même. Chez eux, le sang versé dans les fosses nasales se solidifie trop lentement et trop faiblement pour boucher les vaisseaux ouverts, et l'hémorrhagie que rien n'enraye acquiert des proportions inquiétantes par son abondance et sa prolongation. Telles sont les épistaxis qui s'observent si souvent dans le scorbut, le purpura, l'hémophilie, la scarlatine pourprée, la variole noire, la rougeole hémorrhagique, et enfin dans les états cachectiques consécutifs à l'absorption du plomb et du mercure.

L'épistaxis s'observe plus souvent dans l'adolescence qu'à toute autre époque de la vie. Cela tient à ce que chez les jeunes gens, au moment de la puberté, la circulation prend tout à coup une force nouvelle, tandis que la muqueuse nasale conserve quelque temps encore la délicatesse qu'elle avait pendant l'enfance et se laisse rompre aisément par l'effort du sang. Au bout de quelques années cette délicatesse de la muqueuse disparaît, et les épistaxis s'arrêtent alors spontanément.

Le saignement de nez est aussi beaucoup plus fréquent chez les garçons que chez les filles. On ne s'en étonnera pas si l'on réfléchit que le système sanguin est moins développé chez la femme que chez l'homme, et que partant celui-ci doit être plus exposé aux hémorrhagies.

Enfin on a remarqué que les épistaxis étaient plus communes au printemps et au commencement de l'été, quoique la température soit alors moins élevée qu'au moment de la canicule. J'attribue cela à ce qu'aux premiers beaux jours le sang se met à circuler avec plus d'activité, participant ainsi à l'espèce de réveil qui saisit alors la nature entière et la tire de la torpeur de l'hiver.

Le saignement de nez, avant de se produire, peut être annoncé par un certain nombre de signes avant-coureurs. Ces symptômes précurseurs de l'épistaxis sont dus à la plénitude des vaisseaux de la muqueuse nasale. Ils consistent en une sensation de chaleur, de sécheresse, de démangeaison et d'enchifrènement dans l'intérieur des narines; on croit y avoir un corps étranger qui empêche de se moucher en même temps qu'on ressent une pesanteur à la racine du nez et qu'on éternue fréquemment.

On observe aussi d'autres symptômes précurseurs de l'épistaxis, dus ceux-ci à la réplétion des vaisseaux de la tête. Ce sont des battements dans les artères des tempes, des sifflements et des bourdonnements d'oreille qui empêchent d'entendre, une rougeur des joues et du front, un éclat et une humidité inaccoutumés des yeux, enfin une pesanteur de tête qui empêche de fixer son attention et s'oppose à tout travail sérieux. Ces divers signes avant-coureurs de l'épistaxis ne se montrent jamais tous à la fois, souvent même ils manquent totalement. Quand ils existent, ils peuvent n'occuper qu'un côté de la tête, soit celui où a lieu le saignement de nez, soit, chose plus remarquable, le côté opposé.

Les symptômes précurseurs ayant duré un temps variable, quelques jours ou quelques heures, ou même ayant fait complétement défaut, l'épistaxis se produit. Le sang tombe du nez par gouttes qui se succèdent d'autant plus rapidement que l'hémorrhagie est plus abondante. Cependant quand les malades sont couchés sur le dos, la tête renversée en arrière, le sang ne sort plus par les narines, mais s'échappe par l'orifice postérieur des fosses nasales et coule dans le gosier où il est avalé sans que le malade s'en aperçoive.

Parfois l'épistaxis, quoique très-abondante, cesse tout à coup pour reparaître quelques instants plus tard. Cet arrêt momentané est dû à des caillots sanguins qui se sont formés dans les narines où ils s'opposent à la sortie du sang. Mais bientôt ces caillots sont expulsés par le sang qui s'amasse au-dessus d'eux où par un éternuement, et l'hémorrhagie recommence.

Le sang perdu n'a pas toujours le même aspect. Chez les jeunes gens bien portants, il est d'une belle couleur rouge et forme en se solidifiant une masse élastique et résistante. Chez les sujets maladifs, le sang est au contraire aqueux et faible en couleur; il donne un caillot ténu et laisse sur le linge des taches d'un rose pâle, entourées d'une auréole plus pâle encore. Enfin, dans les maladies dites *hémorrhagiques*, le sang est d'une teinte livide et produit avec peine un caillot mou et diffluent, semblable à de la gelée de groseille, et nageant au milieu d'une sérosité noirâtre. Quant à la quantité du sang perdu, elle est des plus variables; habituellement de quelques grammes à peine, elle peut atteindre 5 à 6 kilogrammes et même davantage.

Au commencement de l'épistaxis on observe souvent un certain soulagement dû à la déplétion de la muqueuse nasale et de la tête, et à la disparition des symptômes précurseurs. Mais quand le saignement de nez est assez abondant pour constituer une perte de sang sérieuse, il donne lieu à toute la série des accidents propres aux hémorrhagies considérables : ce sont la pâleur de la face, la faiblesse, la petitesse, la fréquence du pouls, le refroidissement des extrémités, les sueurs froides sur le front et la poitrine, les éblouissements, les hallucinations, les défaillances, les syncopes, et enfin dans les cas malheureux la mort, qui arrive subite et sans souffrance.

La durée de l'épistaxis légère est de quinze à vingt minutes tout au plus. Quand elle est plus grave, elle se prolonge davantage et peut dépasser vingt jours, mais alors le sang ne coule pas d'une manière continue, et de temps en temps il s'arrête quelques heures pour reparaître ensuite avec plus de force. Un saignement de nez qui dure quatre heures de suite sans aucune interruption est tout à fait exceptionnel, et doit inspirer les inquiétudes les plus vives.

L'épistaxis, surtout pendant la jeunesse, se reproduit souvent à de courts intervalles chez un même individu. C'est ainsi que beaucoup de jeunes gens saignent régulièrement du nez trois ou quatre fois tous les printemps. D'autres ont une épistaxis plus souvent encore, tous les quinze jours, toutes les semaines ou même tous les jours. Parfois ces hémorrhagies, qui se renouvellent si fréquemment, reviennent avec une régularité parfaite, tous les jours ou tous les deux jours, commençant et finissant chaque fois à la même heure comme un accès de fièvre intermittente. Dans d'autres cas c'est tous les mois que l'épistaxis se reproduit, et cela non-seulement chez la femme, où elle suppléerait à l'écoulement menstruel, mais aussi chez l'homme.

Lorsque les saignements de nez sont peu considérables et qu'ils n'arrivent pas trop souvent, ils n'offrent absolument aucun danger; loin de là, ils sont plutôt désirables, et laissent après eux un certain bien-être. Quand les épistaxis sont plus fréquentes, elle se montrent déjà plus fâcheuses alors même qu'elles ne font pas perdre beaucoup de sang, par l'ennui qu'il y a à saigner toujours du nez.

Enfin quand les hémorrhagies nasales sont considérables, ou que sans être abondantes elles se répètent très-souvent, elles deviennent dangereuses. Elles diminuent alors la masse du sang et produisent bientôt une anémie caractérisée par ses symptômes ordinaires, la pâleur de la face, la faiblesse des membres, les palpitations du cœur, la difficulté des digestions et la grande excitabilité du système nerveux.

D'autres fois l'épistaxis n'offre par elle-même aucun danger, mais elle est cependant inquiétante à cause des maladies graves dont elle est le signe. Ainsi la fièvre typhoïde débute ordinairement par des saignements de nez sans importance sous le rapport du sang perdu, mais très-graves par la fièvre qu'ils annoncent. Les épistaxis qui compliquent les fractures du crâne sont plus fâcheuses encore et présagent une mort à peu près certaine. Mais ce sont là des faits exceptionnels, et, de toutes les hémorrhagies, l'épistaxis est certainement la moins dangereuse et la plus facile à arrêter.

CORYZA AIGU

RHINITE AIGUE, CATARRHE NASAL, RHUME DE CERVEAU,
ENCHIFRÈNEMENT.

Le coryza aigu est l'inflammation aiguë de la muqueuse des fosses nasales. C'est une maladie extrêmement fréquente; il est peu de personnes qui n'en soient atteintes au moins une fois l'an, et souvent elle affecte des familles et des populations entières comme le ferait une épidémie.

Le coryza est produit par toutes les causes qui peuvent paralyser les vaisseaux de la muqueuse nasale. La principale de ces causes, celle qui détermine peut-être les dix-neuf vingtièmes des coryza, c'est le froid, surtout par les temps de vent, de pluie ou de brouillards. Cette action toute particulière du froid sur la muqueuse nasale s'explique aisément. Il est assez facile d'empêcher le corps de se refroidir; il suffit pour cela de se couvrir de vêtements chauds. Mais il est plus difficile de soustraire le nez à l'influence du froid parce qu'il faut absolument respirer, et que c'est précisément l'air respiré qui refroidit la muqueuse nasale et cause son inflammation. Remarquons, de plus, que le nez essuie la première impression de l'air froid, tandis que le reste des voies respiratoires, le larynx, la gorge, les bronches, le poumon, reçoivent un air qui a déjà été quelque peu réchauffé par son passage dans les fosses nasales, et partant est devenu moins nuisible. Quant à l'influence du vent, de la pluie, du brouillard, sur la production du coryza, elle provient simplement de ce qu'un air agité et chargé d'humidité a un pouvoir de refroidissement beaucoup plus considérable que s'il est bien calme et bien sec.

Ce qui produit le coryza, c'est moins encore le froid lui-même que le brusque passage du chaud au froid. C'est ainsi qu'en hiver, on s'enrhume ordinairement du cerveau quand on sort des appartements chauds pour respirer l'air froid du dehors, et qu'en plein été, on s'enchifrène encore, lorsque après s'être exposé à un soleil ardent, on se repose dans un endroit frais, une cave par exemple, ou même seulement à l'ombre d'un arbre épais.

Les temps orageux, grâce à l'électricité dont ils chargent l'atmosphère, peuvent aussi être une cause de coryza. On en cite un exemple curieux. C'est un rhume de cerveau général qui atteignit l'armée française presque tout entière le lendemain d'un violent orage survenu tout à coup après plusieurs mois d'un beau temps continuel.

D'autres fois, le coryza a une cause plus directe et plus palpable. Il est dû à l'introduction dans les narines de matières irritantes, telles que le tabac à priser, le poivre et les poudres sternutatoires, ou bien encore il est produit par la présence dans l'air

de vapeurs piquantes telles que le chlore, les acides
nitreux et sulfureux, l'iode, l'éther, la fumée ordinaire et celle du tabac, etc. D'un autre côté, certaines substances donnent naissance à un coryza
quand elles sont absorbées par l'estomac et sans
qu'il soit nécessaire de les introduire dans les narines. Tel est, par exemple, l'iodure de potassium
qui, pris en potion, provoque assez souvent un
rhume de cerveau des plus intenses.

Enfin, chez certains sujets le coryza est produit
par des causes spéciales qui n'exerceraient aucune
action sur un autre. Ainsi on cite un individu qui
était affecté d'un enchifrènement violent toutes les
fois qu'il sentait l'odeur des roses ; un autre avait un
fort rhume de cerveau chaque fois qu'il éprouvait
une émotion un peu vive. Mais ce sont là évidemment des faits très-rares et qui indiquent chez ceux
qui les présentent une manière d'être tout à fait
exceptionnelle.

Le premier signe du coryza qui commence c'est un
picotement désagréable dans l'intérieur du nez avec
une envie d'éternuer, rare d'abord, puis de plus
en plus fréquente. Bientôt on sent que les fosses
nasales se dessèchent et se bouchent ; il semble que
le nez est plein de matière, et c'est en vain qu'on
cherche à le vider en se mouchant souvent et avec
force. Au bout de quelques heures ces symptômes
prennent plus d'intensité. Le picotement désagréable devient une chaleur âcre, une douleur

véritable, parfois très-vive, qui occupe soit un des
côtés du nez seulement, soit plus rarement les deux
narines à la fois. L'enchifrènement augmente encore, il gêne quelque peu la respiration et altère la
pureté de la voix, qui prend un timbre plus ou
moins nasonné. Enfin il existe souvent un émous-
sement de l'odorat ou même sa disparition complète.

En même temps que se produisent ces symptômes, le nez commence à couler et laisse suinter un
liquide filant et transparent d'une saveur salée et
d'une grande âcreté. C'est cette humeur qui, en
irritant le pourtour des narines et la lèvre infé-
rieure, enflamme ces parties et augmente ainsi la
difficulté qu'on avait déjà à se moucher.

Dans quelques cas rares le coryza envahit les ap-
pendices des fosses nasales, les *sinus frontaux* et
maxillaires. L'inflammation du *sinus frontal* est
annoncée par une douleur qui occupe le bas du
front et la racine des sourcils en dessinant exactement l'emplacement du *sinus*. Parfois cette douleur
est extrêmement violente ; elle rend alors les éter-
nuements très-pénibles et cause un mal de tête
affreux, qui heureusement se dissipe au bout de
quelques heures.

Le coryza du *sinus maxillaire* est plus rare que
le précédent. Il est caractérisé par une douleur profonde qui siége dans la joue juste au-dessous de la
pommette et s'étend à toutes les dents correspondant au *sinus* malade. Cette douleur s'exagère au

moindre ébranlement de la tête et devient surtout insupportable lorsqu'il faut mâcher les aliments. Enfin, dans les cas les plus intenses, l'inflammation se propage à la peau de la joue qui se gonfle et prend une teinte rosée exactement comme dans la fluxion dentaire.

Le plus souvent le coryza reste sans fièvre et constitue une simple indisposition. On ressent bien un malaise plus ou moins grand causé par la douleur dans le nez, l'enchifrènement et le besoin continuel de se moucher, mais on n'est pas arrêté et l'on continue à mener sa vie ordinaire. Dans certains cas cependant, le coryza s'accompagne d'une fièvre parfois très-intense et devient une petite maladie. On éprouve alors de l'abattement, de la sensibilité au froid, puis de la chaleur à la peau et de la soif. L'appétit est complétement perdu, et il y a une incapacité absolue de se livrer à aucun travail ou même de penser à quoi que ce soit, tant est intense et absorbante la douleur qu'on ressent dans la tête. Enfin, chez les sujets jeunes et impressionnables, la fièvre peut aller jusqu'au délire et inspirer des craintes heureusement sans fondement.

Que le coryza s'accompagne ou non de fièvre, il ne dure jamais bien longtemps, et au bout de deux, trois, quatre jours au plus tard, ses symptômes commencent à s'améliorer. La douleur frontale et nasale devient moins intense ou même disparaît entièrement; l'enchifrènement est moins complet, et l'on sent que l'air passe plus facilement à travers le nez. L'écoulement nasal change de nature, il perd sa transparence et sa limpidité, se détache plus facilement, prend plus de consistance, devient opalin, puis blanc jaunâtre, et contracte une odeur fade particulière. Bientôt cependant il dépouille tous ces caractères, il se produit avec moins d'abondance et se rapproche du mucus nasal ordinaire; en même temps, ce qui restait d'enchifrènement disparaît, et le coryza se trouve guéri.

La durée totale du coryza, depuis son début jusqu'à sa parfaite guérison, est assez variable. Parfois de trois ou quatre jours seulement, le plus souvent elle est plus considérable et tient toute la semaine. Enfin dans certains cas qui ne sont pas toujours les plus intenses, le rhume de cerveau se prolonge plus longtemps encore, et persiste pendant deux et trois semaines ou même davantage.

Le coryza n'offre aucun danger; alors même qu'il s'accompagne d'une fièvre violente, ce n'est jamais qu'une simple indisposition qui peut à peine vous arrêter pendant un jour ou deux. Cependant chez les personnes qui par profession sont obligées d'avoir la voix très-pure, chez les acteurs, les chanteurs, les orateurs, le rhume de cerveau ne laisse pas d'être assez fâcheux par la gêne qu'il cause à l'exercice de la parole, et le timbre désagréable qu'il communique au chant. Chez les nouveau-nés le coryza a des conséquences plus graves encore et peut devenir une cause de mort. En effet, les fosses nasales étant très-étroites à la naissance, l'inflammation les oblitère quelquefois et empêche l'air d'y passer. Le nouveau-né enrhumé du cerveau est obligé alors de respirer en ouvrant la bouche, et il étouffe dès qu'il ferme les lèvres pour teter ; malgré l'envie qu'il a du sein, il le rejette donc aussitôt qu'il l'a saisi, et il mourrait bientôt de faim si l'on n'avait la précaution de le nourrir au biberon pendant toute la durée de l'enchifrènement.

Le coryza est par lui-même une affection très-légère, mais il ne faut pas perdre de vue qu'il sert de signe précurseur à des maladies beaucoup plus graves. Ainsi il est habituellement avec l'inflammation des yeux le premier signe de la rougeole. La scarlatine, la coqueluche, la grippe, la bronchite capillaire, la pneumonie, la fièvre typhoïde, peuvent aussi débuter par un enchifrènement comme la rougeole, mais moins souvent qu'elle. Enfin le croup et l'angine couenneuse s'annoncent quelquefois par un coryza qui n'offre d'abord rien de remarquable, mais qui ne tarde pas à trahir sa mauvaise nature et à prendre le caractère pseudo-membraneux.

CORYZA CHRONIQUE

RHINITE CHRONIQUE, RHINORRHÉE, CATARRHE NASAL, FLUX NASAL, ENCHIFRÈNEMENT.

Le coryza chronique est l'inflammation chronique de la muqueuse des fosses nasales. C'est une maladie assez rare, surtout si on la compare au coryza aigu, dont la fréquence est si grande.

Le plus souvent, le coryza chronique succède à un rhume de cerveau dont la guérison est restée imparfaite. Quelquefois cependant il se montre d'emblée avec son caractère de chronicité. Il est alors provoqué par l'action prolongée des causes qui produisent le coryza aigu, notamment par une exposition continuelle au froid, au vent ou à la pluie : d'autres fois, il est dû à l'habitude de priser, ou au séjour ordinaire dans un air chargé de principes irritants, de fumée de tabac, par exemple, ou de vapeurs d'éther.

Le principal symptôme du coryza chronique est l'enchifrènement. Le nez est comme plein ; en vain on le mouche fréquemment, pour le débarrasser, il reste obstrué, ce qui gêne la respiration, altère le timbre de la voix et la rend plus ou moins nasonnée. Il n'y a pas de douleur proprement dite, mais on éprouve dans le nez un sentiment de pesanteur et de plénitude qui, à la longue, ne laisse pas d'être incommode.

Dans le coryza chronique, le mucus nasal est toujours profondément altéré mais de diverses façons. Tantôt il est abondant, épais, jaune ou verdâtre, et ressemble à du pus; d'autres fois, il est plus rare et concrété en petites masses desséchées, qui adhèrent fortement à la muqueuse. Il séjourne alors longtemps dans les fosses nasales où il se putréfie en prenant une mauvaise odeur, et pour s'en débarrasser on est obligé de le renifler dans la gorge avec effort, puis de le cracher au lieu de le moucher. Dans quelques cas, le mucus nasal est séreux, salé et extrêmement âcre; en se répandant sur le pourtour des narines et sur la lèvre supérieure, il gerce et enflamme ces parties, ce qui rend fort pénible l'action de se moucher. D'autres fois enfin, il sort des narines un liquide aqueux et transparent, entièrement dépourvu d'âcreté, mais si abondant, qu'il coule du nez, comme d'une fontaine. Cette dernière forme du coryza chronique a reçu un nom particulier, c'est la *rhinorrhée*.

Tant que le coryza reste chronique, il n'est jamais accompagné de fièvre; mais il lui arrive souvent de revêtir pendant quelques jours la forme aiguë, et d'être à ce titre compliqué d'un mouvement fébrile plus ou moins intense, quoique toujours peu prolongé.

La durée du coryza chronique est généralement longue. Chez beaucoup de personnes il persiste pendant toute la mauvaise saison, présentant seulement des alternatives de mieux et de pire suivant le temps, et ne disparaissant pendant les beaux jours, que pour se montrer aussitôt les premiers froids. D'autres plus malheureux gardent leur mal toute l'année, même pendant l'été où ils sont seulement un peu moins malades qu'en hiver, mais sans jamais parvenir à guérir complétement leur enchifrènement.

Dans tous les cas, le coryza chronique est toujours une maladie très-opiniâtre, qu'on peut négliger sans grand inconvénient, car elle n'est ni pénible, ni dangereuse, mais qui exige un traitement sérieux et suivi, si l'on tient à s'en débarrasser.

OZÈNE

CORYZA ULCÉREUX, ULCÈRE FÉTIDE DU NEZ, PUNAISIE, NEZ PUNAIS, FÉTIDITÉ DES NARINES.

L'ozène est une maladie caractérisée par la fétidité du nez. C'est une affection heureusement assez rare, car elle est également pénible et pour celui qui en est atteint, et pour ceux qui sont obligés de vivre dans son voisinage.

L'ozène est produit par une ulcération de la muqueuse nasale, ou par la carie des os qui soutiennent la charpente du nez et cloisonnent son intérieur. Ces caries, ces ulcérations, forment dans les fosses nasales des excavations profondes et anfractueuses, où l'humeur séjourne et se corrompt en acquérant une fétidité insupportable.

L'ozène est habituellement le résultat de la scrofule et surtout de la syphilis. Ces deux maladies ont en effet une grande tendance à ulcérer les muqueuses et à carier les os, et elles agissent avec une prédilection toute particulière sur les fosses nasales, parce que celles-ci contiennent un grand nombre d'os minces placés immédiatement au-dessous de la muqueuse et partant plus faciles à atteindre. L'ozène de nature scrofuleuse est assez rare; il se montre de préférence dans la seconde enfance, de

huit à quinze ans, et disparaît quelquefois spontanément au moment de la puberté, lorsque les enfants
se forment et qu'ils voient cesser successivement
tous les symptômes de scrofule qui ont tourmenté
leurs premières années. Du reste, l'ozène scrofuleux
est produit par toutes les causes qui donnent naissance à la scrofule, telles que l'exposition au froid
et aux intempéries, l'humidité des logements, le
manque d'air et de soleil, une nourriture insuffisante et de mauvaise qualité, et enfin, dans la plupart des cas, l'hérédité qui vient ajouter son influence
fâcheuse aux autres causes citées plus haut.

L'ozène syphilitique se montre principalement
chez les jeunes gens de vingt à trente ans, alors
que grâce à l'irrégularité des mœurs on est plus
exposé à la contagion. Jamais il ne paraît immédiatement après l'infection, mais il se développe
toujours quelques mois ou même quelques années
plus tard, aussi l'a-t-on rangé à bon droit parmi
les accidents secondaires ou tertiaires de la syphilis.

L'ozène scrofuleux n'est que repoussant; l'ozène
syphilitique est de plus contagieux, sinon pendant
toute sa durée, du moins pendant les premiers
temps de son existence. Cette contagion est, il est
vrai, peu énergique; jamais elle n'a lieu à distance
par la respiration de la mauvaise odeur des malades; pour qu'elle s'opère, il faut le contact et
une inoculation directe de l'humeur du nez. On
peut donc vivre à côté des personnes atteintes
d'ozène syphilitique sans contracter leur mal. Mais

il est bon de prendre des précautions à leur égard, et d'éviter soigneusement tout contact immédiat avec la matière s'écoulant de leurs narines.

Le symptôme capital de l'ozène, celui qui pour le malade constitue pour ainsi dire toute la maladie, c'est la mauvaise odeur du nez. Cette odeur est des plus pénétrantes et des plus fétides ; elle a été comparée à celle de la punaise écrasée, mais elle est certainement plus désagréable encore, ayant quelque chose d'écœurant et de nauséabond qui rend insupportable, même à distance, la présence de ceux qui l'exhalent. La puanteur de l'ozène tient au nez lui-même et non au mucus nasal, et les malades ont beau se moucher avec le soin le plus scrupuleux, leur nez conserve toujours son horrible fétidité. Habituellement le mucus nasal est non-seulement fétide comme le nez lui-même, il est de plus altéré dans son aspect. Il est épais, jaune, verdâtre, noirâtre, parfois il contient du sang frais ou corrompu, ou bien encore de petits fragments osseux qui se sont détachés des os du nez et prouvent que ceux-ci ont été atteints par le mal.

Outre la mauvaise odeur, les malades affectés d'ozène présentent d'ordinaire un certain nombre de symptômes appartenant au coryza chronique. Ils sont continuellement enchifrénés ; leur voix est désagréable et nasonnée ; enfin leur odorat est parfois émoussé ou même complétement perdu. Mais un symptôme propre à l'ozène, et qui, avec la mauvaise odeur de l'haleine, sert à le caratériser, c'est

la destruction des os du nez et la déformation qui
en résulte pour cet organe. Tantôt les os cariés sont
ceux qui faisaient saillie dans l'intérieur des fosses
nasales, et celles-ci ne forment plus qu'une grande
cavité sans aucune anfractuosité. D'autres fois, les
deux narines communiquent par une ouverture
plus ou moins étendue faite à travers la cloison du
nez ; dans d'autres cas, c'est le plancher des narines
qui a été percé, et il existe une communication
entre les fosses nasales et la bouche ; d'autres fois
enfin, les os atteints sont ceux qui forment la charpente même du nez ; celui-ci est alors plus ou moins
déformé, il est déprimé à sa racine, tordu de côté
ou même complétement aplati et réduit à rien.

L'ozène est toujours une maladie chronique qui
ne cause pas de fièvre et ne donne lieu qu'à des
symptômes localisés dans les fosses nasales. Le plus
souvent il n'apparaît pas d'abord avec tous ses symptômes, et à son début il ressemble à un coryza
chronique ordinaire. Mais bientôt, à mesure que
les ulcérations du nez se creusent et font des progrès, l'humeur y séjourne plus facilement et plus
longtemps, elle s'y corrompt à un degré plus marqué, elle prend chaque jour une odeur plus fétide,
et l'ozène se montre alors avec son caractère
propre. Une fois établi, il n'a aucune tendance à
guérir seul, mais il persiste indéfiniment pendant
des années sans jamais altérer la santé ni même
déformer nécessairement le nez, présentant seulement des alternatives de mieux et de pire dues à la

cicatrisation des anciens ulcères et à la formation des ulcérations nouvelles. Il est donc urgent de traiter l'ozène avec beaucoup de soin et de persistance, et c'est à quoi les malades ne manquent guère, la fétidité de leur haleine leur étant si insupportable qu'ils ne reculent devant aucun sacrifice pour la faire passer.

POLYPES DU NEZ

EXCROISSANCES DES FOSSES NASALES, FONGUS DANS LES NARINES.

Les polypes du nez sont des excroissances de la muqueuse des fosses nasales, excroissances qui remplissent la cavité des narines et y gênent le passage de l'air. Cette maladie, sans être très-fréquente, n'est pas non plus très-rare, et on a encore assez souvent occasion de la rencontrer.

Le plus souvent les polypes se produisent sans cause connue et sont dus uniquement à une disposition particulière de la muqueuse nasale qui se développe outre mesure en certains points et donne ainsi naissance à une tumeur. Cette manière d'être de la muqueuse des narines est même, paraît-il, héréditaire, les individus porteurs de polypes ayant assez souvent quelques-uns de leurs parents atteints de cette affection. Dans certains cas cependant, les polypes sont produits, ou du moins notablement favorisés par une cause accidentelle, un coup sur le nez, un coryza, l'habitude de priser, l'usage prolongé de l'iodure de potassium, toutes circonstances qui irritent la muqueuse nasale et l'invitent à se tuméfier.

Les polypes du nez sont de deux espèces, *gélati-*

neux ou *fibreux*. Les premiers, de beaucoup les plus fréquents, sont constitués par un tissu lâche, d'une couleur grisâtre ou jaunâtre, ne contenant ni nerfs ni vaisseaux, mais très-riche en sérosité et se réduisant à rien quand on le comprime avec une pince ou entre les doigts. Ils ont habituellement une forme allongée cylindrique, une de leurs extrémités tenant à la muqueuse nasale, sur laquelle elle est solidement implantée, tandis que l'autre extrémité est lisse, arrondie, et pend librement dans l'intérieur des narines. Quelquefois cependant ils présentent çà et là des excroissances et des prolongements qui remplissent toute la cavité des fosses nasales et se modèlent sur leurs anfractuosités. Ordinairement il n'existe qu'un seul polype, qui est fixé sur la muqueuse à l'aide d'une racine très-étroite, alors même qu'il a des dimensions considérables. Dans certains cas pourtant, il s'en développe plusieurs à la fois, mais ils sont alors d'un volume inégal, et l'un d'eux est toujours beaucoup plus gros que les autres.

Les polypes fibreux sont formés par un tissu très-dense et très-serré qui ne se laisse ni comprimer ni déchirer. Aussi, quand on veut les détruire, faut-il les attaquer avec l'instrument tranchant ou des caustiques. Ils ont une forme irrégulièrement arrondie, et le plus souvent se trouvent implantés par une large base sur la muqueuse. En augmentant de volume, ils ne se moulent pas sur les an-

fractuosités des fosses nasales, comme le font les
polypes gélatineux, mais ils repoussent devant eux
les parois des narines et produisent ainsi des désordres considérables.

A son début, les symptômes des polypes sont
ceux du coryza chronique. Le nez est enchifréné;
on y sent quelque chose qui remplit les fosses
nasales et y gêne le passage de l'air en même temps
qu'il émousse l'odorat. Mais, et c'est là un symptôme caractéristique, cet enchifrènement, cette
perte de l'odorat, n'occupent en général qu'un seul
côté, toujours le même, tandis que dans le coryza
c'est tantôt une narine, tantôt l'autre, et plus souvent les deux narines à la fois qui sont bouchées
et ne perçoivent plus les odeurs. A mesure que le
polype fait des progrès et qu'il emplit davantage la
cavité du nez, l'enchifrènement augmente, et bientôt la respiration devient presque impossible par la
narine affectée; en même temps la voix s'altère et
prend un timbre nasonné; enfin le mucus qui sort
du côté malade est plus abondant que de coutume
et présente habituellement une certaine fétidité
qui se communique à l'haleine. Si alors on examine
l'intérieur des fosses nasales, en faisant asseoir le
malade bien en face du jour, en lui renversant la
tête en arrière et en lui relevant fortement l'aile du
nez, on constate que la narine est obstruée par un
corps solide qui est le polype lui-même. Quelquefois même celui-ci sort par devant et apparaît à
l'extérieur, mais le plus souvent c'est par l'ouver-

ture postérieure des fosses nasales qu'il s'échappe.
Il pénètre alors dans le gosier et s'y développe
librement, comprimant d'une part la *trompe d'Eustache*, ce qui amène la dureté ou la surdité de l'o-
reille correspondante, et, d'autre part, gênant les
mouvements du voile du palais, ce qui altère la
voix et trouble la déglutition.

Les symptômes qu'on vient d'examiner sont communs à tous les polypes ; mais, suivant que ceux-ci
sont fibreux ou gélatineux, ils donnent lieu à des
phénomènes particuliers importants à connaître.

Le polype gélatineux, alors même qu'il atteint
son développement le plus considérable, ne donne
lieu à aucune douleur et se borne à gêner le passage de l'air dans les narines. Cette gêne varie d'un
jour à l'autre ; elle est ordinairement plus prenon-
cée par les temps humides, ce qui tient à ce que le
polype absorbe alors l'humidité de l'air et augmente
de volume. Quand on examine l'intérieur de la
narine, l'excroissance qui la remplit se présente sous
l'aspect d'un corps arrondi, luisant, d'une couleur
grisâtre. Ce corps est mobile, il recule quand on
renifle, et avance quand on souffle, si bien qu'il
peut alors sortir du nez. Si on essaye de le saisir
avec une pince, son tissu est si friable qu'il se
déchire aussitôt et qu'il faut se résoudre à l'arracher morceau par morceau. Enfin, quelque développé qu'il soit, le polype gélatineux n'a aucune tendance à déformer la narine ; il se borne tout au
plus à déjeter un peu la cloison des fosses nasales

et à faire saillir l'aile du nez ; ce résultat atteint, il reste stationnaire et n'augmente plus de volume.

Le polype fibreux, à son début, ne produit aussi aucune douleur ; mais, quand il est devenu assez volumineux pour distendre les fosses nasales, il donne lieu à des souffrances plus ou moins vives et parfois intolérables. Ce polype n'est pas mobile dans l'intérieur des narines, l'enchifrènement qu'il détermine ne s'accroît pas avec l'humidité du temps ; quand on essaye de l'enlever avec la pince, il résiste et saigne sans se laisser arracher ; enfin, et c'est là ce qui le rend si dangereux, il augmente indéfiniment de volume. Trop à l'étroit dans les narines, il en écarte les parois, gonflant la joue, chassant l'œil de son orbite, obstruant la bouche et le gosier, et finissant par gêner tellement la déglutition et la respiration, qu'il amènerait la mort si l'on ne se décidait à l'opérer.

Les polypes du nez sont une maladie essentiellement chronique qui met plusieurs années à se développer. Souvent, ils restent stationnaires pendant un long laps de temps, puis tout à coup, sans cause connue, ils prennent un développement rapide et font plus de progrès en quelques mois qu'ils n'en avaient fait jusqu'alors. En général, les polypes gélatineux croissent assez vite, surtout lorsqu'ils se reproduisent après une opération mal faite. Les polypes fibreux sont au contraire plus lents dans leur croissance, mais celle-ci est

continuelle et ne présente aucun temps d'arrêt.
Abandonnés à eux-mêmes, les polypes du nez
n'ont aucune tendance à guérir. Tout ce qui peut
leur arriver de plus favorable, c'est qu'ils s'arrêtent spontanément dans leurs progrès et conservent
pendant des années le même volume. Mais cela est
très-rare, et d'ordinaire, le polype oblitérant de plus
en plus la cavité des narines finit par être si gênant que les personnes les moins soigneuses de
leur santé se voient forcées de le faire traiter.

MALADIES

DE LA GORGE

La gorge offre cela de particulier qu'elle est traversée à la fois par les aliments et par l'air, et
qu'elle fait aussi bien partie du système digestif
que des voies respiratoires. Cependant, si l'on réfléchit qu'elle n'est en contact avec les aliments que
pendant le court instant de la déglutition, tandis
que, nuit et jour, elle sert de passage à l'air que
nous respirons, on ne s'étonnera plus si ses maladies sont très-fréquentes et se rapprochent, par
leur nature des affections des voies respiratoires.

Les maladies de la gorge ayant quelque importance
sont au nombre de quatre : l'**angine aiguë**, l'**angine couenneuse**, l'**angine chronique** et l'**angine
ulcéreuse**.

ANGINE AIGUE

AMYGDALITE AIGUE, PHARYNGITE AIGUE, ANGINE PHARYNGÉE, ANGINE CATARRHALE, ESQUINANCIE, MAL DE GORGE.

L'angine aiguë est l'inflammation aiguë de la muqueuse de la gorge, principalement de la muqueuse des amygdales, aussi la désigne-t-on sous le nom d'*amygdalite*. C'est une maladie des plus fréquentes. Chaque année, surtout au printemps, elle sévit sur un grand nombre de personnes, et il est peu d'individus qui n'en aient été atteints au moins une fois dans le courant de leur vie; beaucoup sont même si sujets à cette affection qu'ils la contractent, pour ainsi dire à coup sûr, une ou deux fois tous les hivers.

L'angine est produite par toutes les causes qui peuvent paralyser les vaisseaux de la muqueuse gutturale. Ces causes sont, en première ligne, les temps froids et humides, les courants d'air, les variations brusques de la température, le passage sans transition d'un endroit chaud dans un lieu plus frais. C'est habituellement aux changements de saison, à l'automne et surtout au printemps que ces diverses causes agissent avec le plus d'énergie. Quelquefois elles sont si générales qu'elles frappent en même temps un grand nombre de personnes et

produisent ainsi de petites épidémies d'amygdalites.

Mais, pour contracter une angine, il ne suffit pas
de s'exposer au froid, il faut encore être prédisposé
à cette maladie, c'est-à-dire avoir la muqueuse gutturale très-faible et facile à enflammer. C'est ainsi
que bien des gens bravent toutes sortes de refroidissements sans jamais avoir mal à la gorge;
d'autres, au contraire, sont si mal organisés sous
ce rapport, qu'au moindre froid et malgré les précautions les plus minutieuses, ils sont assurés de
contracter une amygdalite. Cette grande prédisposition à l'angine se montre d'ordinaire au moment
où la puberté s'établit, et disparaît aux premières
approches de la vieillesse; elle est probablement
liée au travail qui se fait dans le cou et dans la
gorge au moment de la puberté.

Après le froid, les autres causes de l'amygdalite
sont : la respiration d'un air chargé de poussières
et de vapeurs irritantes, l'ingestion de boissons
brûlantes ou glacées, enfin l'absorption de certains médicaments, notamment du mercure et de
l'iodure de potassium. Mais ces diverses causes, tout en étant très-réelles, sont loin d'avoir
l'importance du froid, et c'est, en définitive, à
celui-ci que se trouve due l'immense majorité des
angines.

Le premier symptôme de l'angine est une certaine gêne dans le gosier, où l'on sent comme un

corps étranger qu'on cherche en vain à ravaler.
Bientôt cette gêne devient une véritable douleur,
assez modérée, il est vrai, quand la gorge est au
repos, mais qui se réveille, vive et aiguë, chaque
fois qu'on avale quelque chose, ne fût-ce que sa salive. La déglutition des liquides est plus pénible
que celle des corps solides; elle ne peut s'accomplir
sans tirer du malade une grimace douloureuse;
parfois même elle est tout à fait impossible, et les
boissons, aussitôt prises, sont recrachées ou rendues
par les narines. Chose remarquable, malgré le mal
que cela leur fait, les malades avalent constamment
leur salive et sont eux-mêmes la cause des douleurs
qu'ils éprouvent. Quand on leur recommande de
cracher au lieu d'avaler, ils disent qu'ils ne sont
pas les maîtres de faire autrement, une force impérieuse poussant leur salive dans le gosier et les
forçant à l'ingurgiter.

En faisant ouvrir largement la bouche, en abais-
sant la base de la langue avec le manche d'une
cuillère, et en ayant soin de s'éclairer d'une bou-
gie si le jour est insuffisant, on peut voir directement la gorge et constater ce qui suit : Le fond du
gosier est d'un rose vif et parsemé de petites éle-
vures, qui n'existent pas dans l'état de santé; le
voile du palais est rouge et épaissi; la luette, plus
grosse, plus allongée pend jusqu'à la langue et paraît déviée lorsque l'angine n'occupe qu'un seul
côté de la gorge; enfin les amygdales, rouges et
tuméfiées, forment deux saillies volumineuses qui

s'avancent dans le gosier et en rétrécissent l'entrée. Souvent elles sont à peine distantes l'une de
l'autre d'un centimètre, parfois même, chez les enfants ou les sujets ayant la gorge étroite, elles arrivent jusqu'à la luette et ferment entièrement par
leur contact l'ouverture du gosier.

Au début de l'angine, la muqueuse de la gorge
est sèche et luisante, mais après un jour ou deux
d'inflammation, elle devient le siége d'une sécré-
tion plus abondante et se recouvre çà et là de traî-
nées d'un mucus blanchâtre, filant et opalin. Sur
les amygdales, le mucus offre un autre aspect; il
ressemble a du fromage délayé, et en s'amassant
dans les petites cavités creusées à la surface des
amygdales, il forme des concrétions blanchâtres,
qu'il ne faut pas confondre avec les fausses membranes de l'angine maligne. Ce mucus des amygdales en séjournant dans le gosier s'y altère rapidement et contracte bientôt une odeur aigre et fétide, odeur qui se communique à la respiration du
malade et permet souvent de reconnaître de loin
l'existence de l'amygdalite.

Pour peu que l'angine ait une certaine intensité,
les mouvements du cou sont douloureux, et le
malade éprouve une certaine gêne à tourner la
tête. Cette douleur devient immédiatement plus
vive si l'on presse un peu fortement la peau derrière l'angle de la mâchoire, point correspondant
aux amygdales. On trouve alors, en palpant avec
soin cette région, une dureté et un empâtement

profonds, produits par la tuméfaction des parties
enflammées. Quelquefois même cette augmentation
de volume des amygdales est appréciable au dehors
et forme au-dessous de l'oreille une tumeur qui nuit
aux mouvements de la mâchoire. Souvent enfin,
principalement chez les jeunes sujets, les glandes
lymphatiques qui reçoivent la lymphe du gosier,
participent à la maladie de cet organe. Ces
glandes sont situées sous la mâchoire et sur les
côtés du cou. A l'état de santé, elles sont si petites,
qu'on a peine à les sentir; mais quand elles s'enflamment, elles augmentent beaucoup de volume;
elles forment alors de chaque côté une tuméfaction
énorme, qui donne au malade un aspect goîtreux
et l'empêche d'ouvrir la bouche pour manger et
pour parler.

Dans l'angine, la respiration n'est jamais bien
gênée, à moins qu'il n'existe en même temps un
coryza. Mais elle n'est pas non plus entièrement
libre et souvent elle devient plaintive ou bruyante.
La voix elle-même se montre toujours altérée dans
son timbre; elle est enrouée, nasonnée, sourde ou
même complétement éteinte. Enfin, quand l'inflammation du gosier se propage à la *trompe d'Eu-*
stache, il y a des bourdonnements d'oreille avec
dureté de l'ouïe ou même surdité complète, mais
d'une oreille seulement, car il est bien rare que les
deux *trompes* soient enflammées à la fois.

Dans les cas les plus légers l'angine se borne aux
symptômes qu'on vient d'énumérer et ne s'accom-

pagne pas de fièvre. Mais quand l'inflammation du gosier est plus prononcée, elle donne lieu à un mouvement fébrile violent et devient alors une véritable maladie qui force à garder le lit. Cette fièvre se montre dès le début de l'angine, parfois même elle semble la précéder tant elle est hâtive dans son apparition. Elle s'annonce par de la sensibilité au froid, de l'abattement, du mal de tête, des envies de vomir ou même des vomissements lorsque les malades viennent de manger. Bientôt la fièvre se déclare, la peau est brûlante, le pouls et la respiration s'accélèrent, il y a de la soif, de l'agitation, de l'insomnie; la langue se couvre d'un enduit blanc-jaunâtre, la bouche devient pâteuse, sèche, amère; l'appétit se perd et fait place au dégoût pour les aliments, le ventre se constipe; enfin, tant que dure le mouvement fébrile, l'urine est rare, rouge et épaisse.

Cette fièvre de l'angine ne se prolonge pas bien longtemps. Dès le second jour, elle commence à décroître pour cesser complétement le troisième ou le quatrième. En même temps qu'elle disparaît, tous les autres symptômes s'améliorent, la douleur de la gorge se montre moins vive, la déglutition plus facile, les amygdales diminuent de volume; la muqueuse perd sa rougeur, le mucus qu'elle sécrète devient moins visqueux et moins abondant, et, au bout de huit jours environ, toute trace d'angine a disparu et la santé se trouve rétablie.

Cependant, lorsque l'amygdalite est très-intense, et qu'elle s'accompagne d'un gonflement considérable du cou, elle dure plus longtemps et se prolonge quinze ou vingt jours. Parfois même elle ne guérit qu'imparfaitement et laisse après elle une tuméfaction des amygdales qui persiste indéfiniment.

D'autres fois, lorsque l'angine n'a pas été prise à temps ou quelle a été mal soignée, l'inflammation de la gorge va jusqu'à la suppuration, et il se produit un abcès du gosier ou des amygdales. Dans ce cas, la fièvre, au lieu de tomber dès le second ou le troisième jour, va toujours en augmentant; en même temps le malade éprouve dans la gorge, au niveau de l'abcès, une douleur intolérable qui l'empêche de rien avaler, lui ôte absolument tout sommeil et le met au désespoir. En faisant ouvrir la bouche, on voit facilement qu'une des amygdales est très-rouge , horriblement douloureuse au moindre contact et qu'elle présente à sa surface une saille correspondante à l'abcès. Cette saillie devient de plus en plus proéminente et, au bout de trois ou quatre jours de souffrances atroces, elle perce spontanément en déversant dans la bouche un flot de pus d'une saveur repoussante et d'une fétidité insupportable. Aussitôt l'abcès percé, la douleur et la fièvre cessent comme par enchantement et la guérison arrive rapidement. Quelquefois cependant l'angine suppurée a une terminaison moins heureuse, c'est lorsque l'abcès occupe le fond du gosier et non les amygdales. Dans ce cas, il produit autour de lui un gonflement énorme qui intercepte complétement le passage de l'air dans les poumons et fait périr le malade en le suffoquant. Mais c'est là un cas excessivement rare, et le plus souvent l'abcès s'ouvre avant que le malade soit étouffé.

L'angine aiguë n'est pas une maladie grave. Sans doute elle est fâcheuse à cause de la fièvre et des douleurs qui l'accompagnent, surtout lorsqu'elle vient à suppurer; mais elle met bien rarement la vie en danger, et, sous ce rapport, elle diffère profondément de l'angine couenneuse qui, elle, est pour ainsi dire constamment suivie de mort.

Mais si l'amygdalite simple n'est jamais dangereuse, il n'en est pas de même de celle qui se développe au début ou dans le cours des maladies graves, dans la rougeole, la scarlatine, la variole, la fièvre typhoïde, la pneumonie, la coqueluche, le croup, etc. Lorsqu'elle se montre dans ces conditions, l'angine s'accompagne toujours d'un redoublement de la fièvre et d'une aggravation générale de tous les symptômes, et si souvent elle se termine d'une manière heureuse, souvent aussi elle devient une cause de mort et emporte des malades qui, sans cet accident, eussent certainement guéri.

En résumé, quand l'angine est légère et qu'elle ne s'accompagne pas de fièvre, il ne faut pas s'en inquiéter et l'on se bornera à la combattre à l'aide

de simples précautions hygiéniques. Se présente-
t-elle au contraire avec une fièvre intense, une
douleur vive dans la gorge et un gonflement considérable des amygdales, il faut la soigner sérieusement afin de modérer ses symptômes, d'abréger
sa durée, et d'empêcher surtout sa suppuration.
Enfin un bon traitement est indispensable quand
une angine, même très-légère, se développe chez
des malades ou des convalescents, l'amygdalite
étant alors bien souvent le commencement d'une
affection plus grave qu'il convient d'arrêter dès
son début.

ANGINE COUENNEUSE

ANGINE PSEUDO-MEMBRANEUSE, PHARYNGITE COUENNEUSE, PHARYNGITE PSEUDO-MEMBRANEUSE, DIPHTHÉRITE, ANGINE DIPHTHÉRITIQUE, AN- GINE MALIGNE, ANGINE SUFFOCANTE.

L'angine couenneuse est l'inflammation pseudo-membraneuse de la muqueuse de la gorge. C'est une maladie heureusement peu fréquente, mais elle sévit ordinairement par petites épidémies, et quand elle apparaît dans un point, il est rare qu'elle ne frappe pas plusieurs personnes à la fois.

L'angine couenneuse est produite par la contagion. Souvent, il est vrai, cette contagion échappe, parce que la matière qui transmet la diphthérite est extrêmement ténue et peut être transportée bien loin de son origine. Mais souvent aussi la contagion de l'angine couenneuse est de la dernière évidence, et on la voit frapper coup sur coup tous les enfants d'une même famille, le père, la mère, les parents, les voisins et jusqu'au médecin qui a donné ses soins. Parfois il suffit d'un seul instant de séjour au voisinage de l'angine pour la contracter. Cependant, d'habitude, la contagion frappe de préférence les personnes qui sont restées longtemps auprès des malades et surtout celles qui les ont soignés assidûment, ont passé les nuits auprès d'eux, les ont embrassés souvent ou ont examiné leur gorge.

L'angine couenneuse est, disons-nous, produite par un principe contagieux. Ce principe étant respiré se met en contact avec la muqueuse de la gorge et l'enflamme en frappant de mort les cellules qui la recouvrent superficiellement. C'est là ce qui donne à la maladie le caractère pseudo-membraneux et la distingue d'une amygdalite ordinaire. Le plus souvent, la matière diphthéritique ne limite pas son action au gosier, mais elle intéresse en même temps les autres muqueuses des voies respiratoires, celles du larynx, de la trachée, des bronches et des fosses nasales, produisant ainsi un croup, une bronchite ou un coryza pseudo-membraneux, qui viennent compliquer l'angine couenneuse. Enfin le principe contagieux ne se borne pas là, mais il est absorbé, il pénètre dans le sang et va paralyser le cœur : paralysie d'une grande gravité, car c'est elle qui est en définitive la véritable cause de la mort.

L'angine couenneuse frappe de préférence les enfants, non pas les nouveau-nés, mais ceux qui sont déjà plus âgés et comptent de 5 à 15 ans. Cette prédisposition toute particulière des enfants est due à la délicatesse de leurs tissus qui résistent bien moins à l'influence des causes morbides que chez les adultes. Aussi arrive-il souvent que des grandes personnes exposées à la contagion de l'angine couenneuse se bornent à avoir une amygdalite ordinaire, leurs tissus résistant au principe contagieux, et, tout en se laissant enflammer par lui, ne contractant pas l'inflammation pseudo-membraneuse. Cependant, dans les épidémies très-intenses, cette immunité des individus adultes disparaît, et ceux-ci sont atteints comme les enfants, mais toujours dans une proportion moindre et avec moins de force.

Bien souvent, et les parents ne le remarquent pas sans tristesse, les enfants atteints par l'angine couenneuse jouissaient de la santé la plus florissante et n'avaient jamais présenté aucune autre maladie. C'est qu'un empoisonnement, comme l'est en réalité la contagion de l'angine couenneuse, ne respecte rien et frappe également sur tous, qu'on soit malade ou bien portant. Cependant, il faut le reconnaître, si une belle santé n'est point un préservatif certain contre l'angine couenneuse, la misère, la malpropreté, l'absence de soins, les maladies ou simplement un état chétif et souffreteux, favorisent évidemment son développement, et c'est encore parmi les classes placées dans de mauvaises conditions hygiéniques que la diphthérite se montre le plus souvent et frappe avec le plus de sévérité.

Il existe aussi une autre angine couenneuse qui n'est pas contagieuse, qui se produit à peu près aussi souvent chez les grandes personnes que chez les enfants, et qui diffère profondément par sa nature de la diphthérite épidémique. Cette angine se montre dans le courant ou à la fin des maladies graves où il existe une tendance à la gangrène.

C'est surtout dans la rougeole, la coqueluche, la variole, la scarlatine, la fièvre typhoïde, la phthisie pulmonaire, qu'on a l'occasion de la signaler. Comme l'angine contagieuse, elle est produite par la mortification des cellules de la muqueuse gutturale. Seulement cette mortification est causée cette fois, non par un principe diphthéritique venu du dehors, mais par la maladie existante qui a détruit la vitalité de tous les tissus. Du reste, cette angine couenneuse des maladies graves est plus redoutable encore, s'il se peut, que la diphthérite épidémique, et il est bien rare qu'elle pardonne. Seulement, n'étant pas contagieuse, elle n'offre aucun danger pour les personnes qui entourent le malade et ne devient jamais le point de départ d'une épidémie.

Enfin l'angine couenneuse peut être produite d'une manière tout accidentelle par certains agents énergiques qui agissent superficiellement sur la muqueuse de la gorge et mortifient sa surface. Tels sont : le chlore gazeux, l'acide chlorhydrique, l'huile de cantharides, et enfin les liquides très-chauds. Ces substances développent, il est vrai, une angine pseudo-membraneuse, mais celle-ci, localisée dans la gorge, est exempte de danger et n'offre aucun rapport réel avec la diphthérite des épidémies.

Le début de l'angine couenneuse est ordinairement insidieux et peu alarmant. Les enfants sont seulement un peu tristes, un peu abattus depuis

quelques jours; ils ne jouent plus, mangent avec
dégoût et ont, le soir, une petite fièvre très-légère.
C'est le poison qui lentement, mais sûrement, pénètre dans le corps et en prend possession.

Au bout de quelques jours de ce malaise imper-
ceptible, l'angine se déclare. Ce n'est d'abord qu'une
rougeur, une tuméfaction légère de la gorge, semblables à celles qu'on observe dans l'amygdalite
simple; mais bientôt, au bout de quelques heures,
l'inflammation démasque son vrai caractère, et la
fausse membrane se produit. Celle-ci apparaît d'a-
bord sur une des amygdales; pour commencer, ce
n'est qu'une petite tache blanchâtre, opaline, semblable à du mucus desséché et que les personnes
sans expérience confondent aisément avec les concrétions caséeuses de l'angine ordinaire. Bientôt
la fausse membrane prend plus de consistance et
d'étendue; elle se montre successivement sur l'autre
amygdale, le voile du palais, la luette, le fond du
gosier. On ne distingue plus alors les diverses parties
constituantes de la gorge; mais on ne voit qu'une
peau grisâtre qui couvre tout de son voile uniforme,
et annonce bien par son aspect sinistre toute la
gravité du mal. Bien souvent cependant, la diphthérite n'envahit pas toute la muqueuse du gosier,
et çà et là il en reste des portions qui conservent
leur apparence naturelle ou sont seulement plus
rouges que de coutume et un peu tuméfiées.

La fausse membrane de l'angine couenneuse
peut être plus ou moins épaisse. Parfois mince

comme une feuille de papier, elle a habituellement
1 ou 2 millimètres d'épaisseur et n'arrive que rarement à 1 centimètre. Dans les cas les moins défa-
vorables, elle est molle, humide, verdâtre, et se détache aisément de la muqueuse, qui apparaît alors
rouge et tuméfiée, mais nullement ulcérée. Quand,
au contraire, l'angine s'annonce avec une grande
malignité, la fausse membrane est grisâtre ou noirâtre, elle se déchire par petits fragments quand on
l'enlève, et il est impossible de la détacher sans faire
saigner la gorge et sans produire une vive douleur. Le sang qui coule ainsi se coagule à la surface du gosier et contribue à lui donner une couleur noirâtre d'un fâcheux augure. Dans ce cas
particulier, la gorge exhale une odeur fétide et repoussante, qui est due non aux fausses membranes,
parfaitement inodores, mais au sang à moitié dé-
composé qui les recouvre.

Cependant, à mesure que la fausse membrane
se produit et s'épaissit, la gorge s'enflamme davantage; les amygdales se gonflent et prennent parfois
un volume énorme; enfin l'inflammation du gosier
se propage aux ganglions lymphatiques placés sous
la mâchoire et au-dessous de l'oreille. Ces ganglions
se tuméfient alors considérablement; ils deviennent très-douloureux et gênent les mouvements de
la mastication en même temps qu'ils déforment le
cou et lui donnent un aspect goîtreux caractéristique. Cette tuméfaction des glandes du cou est
très-importante à noter, car elle mesure assez bien

la malignité de l'angine et la virulence de son principe contagieux.

Malgré l'état de la gorge, malgré les fausses
membranes qui recouvrent les amygdales, la déglutition est à peine gênée et les petits malades
avalent comme de coutume, n'accusant dans le gosier qu'une douleur très-obtuse, ou même ne se
plaignant pas du tout. La respiration est naturelle
ou un peu accélérée, mais jamais il n'y a de suffocation comme dans le croup. La parole, elle, est toujours altérée; elle est nasonnée et enrouée, ou
même éteinte et croupale, pour peu que l'inflammation pseudo-membraneuse ait envahi le larynx.
La fièvre est médiocre; il y a peu de chaleur à la
peau, peu de soif, peu d'accélération du pouls. Enfin les malades conservent leur appétit et continuent
à manger; seulement ils dorment mal, sont abattus,
ont mauvaise mine, et un observateur exercé peut
déjà lire sur leur figure l'annonce d'une mort prochaine.

Cependant, au bout de trois ou quatre jours, les
fausses membranes commencent à se détacher. Mais,
à peine enlevées par le médecin ou par la toux,
elles se reproduisent aussitôt, toutefois moins
épaisses qu'auparavant. En même temps, l'inflammation de la gorge et la tuméfaction des amygdales
disparaissent, les ganglions du cou deviennent
moins gros et moins douloureux; enfin, au bout
d'une semaine environ, les fausses membranes cessant entièrement de se reproduire, il ne reste plus

alors qu'une angine ordinaire qui ne tarde pas elle-même à guérir, et les malades, reprenant rapidement de l'appétit, des forces et de la gaieté, entrent en pleine convalescence.

Quand, au contraire, l'angine couenneuse doit se terminer d'une manière fatale, les fausses membranes ne se détachent qu'avec peine et sont remplacées immédiatement par d'autres plus épaisses, la gorge est saignante, ulcérée, gangrenée, exhalant une odeur fétide, et présentant un aspect hideux. Les ganglions du cou énormément tuméfiés s'enflamment et deviennent le siége d'abcès gangréneux d'une mauvaise nature. L'inflammation pseudo-membraneuse envahit le larynx, la tra-chée, les bronches, les fosses nasales, la bouche, l'anus, la peau dénudée des vésicatoires, puis enfin il survient une pneumonie ou une bronchite capillaire qui emportent le malade en quelques heures.

Cependant, quand les enfants atteints d'angine couenneuse sont entrés en convalescence et que les fausses membranes ont cessé de se produire, ils ne sont pas encore définitivemeut sauvés, et leur guérison, toujours lente et pénible, n'est que trop souvent traversée par des accidents qui amènent la mort, alors qu'on les croyait déjà hors de danger. Tantôt les ulcérations gangréneuses des amygdales sécrètent dans la gorge une salive putride que le malade avale sans cesse et qui l'empoisonne lentement. Peu à peu, sous cette influence pernicieuse, il perd l'appétit, devient triste et morose, sa figure prend une teinte jaunâtre ou verdâtre, et il finit par s'éteindre sans douleur, après avoir traîné huit ou quinze jours. D'autres fois, les enfants affectés d'angine couenneuse rendent de l'albumine par les urines, et présentent les symptômes de l'*albuminurie*. Ils sont pâles et bouffis, leur voile du palais est paralysé et ils rejettent les aliments et les boissons par le nez, ou bien ils louchent et même deviennent complétement aveugles ; enfin, dans certains cas, alors qu'on les croit à la veille d'être guéris, ils ont des convulsions et meurent subitement en quelques secondes. Ces faits sont rares sans doute, mais la règle, c'est que la convalescence de l'angine couenneuse, même dans les cas les plus heureux, est toujours longue et difficile et enrayée par de nombreux accidents.

Trop souvent, par suite de la gravité de l'empoisonnement, causé par l'absorption des principes diphthéritiques, les malades atteints d'angine couennense sont fatalement condamnés à périr, quels que soient les soins qu'on leur donne. Mais, quand la maladie est d'une médiocre intensité, un bon traitement est très-efficace et réussit à peu près dans tous les cas, surtout quand on a été assez heureux pour combattre l'angine couenneuse dès son début, et avant que le principe contagieux de la diphthérite ait pénétré dans le sang et ait paralysé le cœur.

ANGINE CHRONIQUE

AMYGDALITE CHRONIQUE, PHARYNGITE CHRONIQUE.

L'angine chronique est l'inflammation chronique de la muqueuse de la gorge. C'est une maladie qui, sans être très-rare, n'est pas non plus très-fréquente.

L'angine chronique succède le plus souvent à une angine aiguë. Quand celle-ci n'a pas été bien traitée, elle ne guérit pas complétement, mais elle laisse après elle une légère inflammation qui persiste indéfiniment. Cette inflammation est augmentée ensuite par chacune des amygdalites aiguës qui surviennent plus tard, et, au bout d'un temps variant de quelques mois à quelques années, la muqueuse du gosier présente un état inflammatoire persistant, et l'angine chronique se trouve établie. Quelquefois l'inflammation chronique de la gorge est entretenue et augmentée par une mauvaise hygiène, par l'exposition continuelle au froid, les grands efforts de voix ou les excès alcooliques, mais le plus souvent, surtout chez les enfants, elle ne reconnaît aucune de ces causes et est due simplement à la répétition d'une amygdalite aiguë.

Le symptôme capital de l'angine chronique est
la tuméfaction des amygdales. Celles-ci, médiocrement rouges ou même ayant conservé leur couleur
naturelle, sont triplées ou quadruplées de volume
et forment deux saillies arrondies qui s'avancent de
chaque côté dans le gosier et en obstruent l'ouverture.
Quelquefois même les amygdales sont si tuméfiées
qu'elles se touchent et emplissent tout le fond de la
gorge. Çà et là, à leur surface, sont creusées des
dépressions dans lesquelles s'amasse une matière
épaisse et grenue semblable à du fromage blanc.
Pendant le jour, cette matière est crachée ou en-
traînée dans l'estomac avec les boissons et les aliments; mais la nuit elle reste à la surface de l'a-
mygdale et y éprouve un commencement de putré-
faction. Elle contracte alors une odeur fétide très-
désagréable qui se communique à la respiration
du malade et est surtout prononcée le matin en se
réveillant.

Le reste du gosier partage l'état inflammatoire
des amygdales; sa muqueuse est rouge et tuméfiée, elle est parsemée de plaques d'une coloration
plus foncée, ou bien elle est hérissée dans toute
son étendue par de petites saillies granuleuses,
grosses comme des pois ou des têtes d'épingle.
Enfin elle sécrète un mucus plus abondant et plus
épais que de coutume, mucus qui s'attache au fond
du gosier et que les malades sont obligés de cracher avec effort.

L'angine chronique ne produit aucune douleur; elle donne lieu seulement à la sensation d'un corps étranger obstruant la gorge et provoquant un crachotement continuel. En général, la déglutition n'est nullement gênée, ni la respiration non plus, bien qu'il existe souvent pendant le sommeil un ronflement des plus bruyants. Par contre, la voix est toujours plus ou moins altérée; elle est discordante, nasonnée, enrouée, surtout dans les tons aigus, qui ont de la peine à sortir du gosier; parfois même, chez les enfants, l'articulation des mots est notablement gênée et la parole peu intelligible. Enfin bien souvent l'angine chronique produit des bourdonnements d'oreille et une dureté de l'ouïe qui sont causés par l'extension de l'inflammation à la muqueuse de la *trompe d'Eustache.*

Jamais l'angine chronique ne s'accompagne de fièvre, mais de temps en temps, surtout pendant la mauvaise saison, elle reprend la forme aiguë, et donne lieu alors à un léger mouvement fébrile, puis elle revient à son premier état de chronicité, mais plus prononcée et plus enracinée qu'elle n'était auparavant. Elle persiste ainsi indéfiniment, sans avoir aucune tendance à se guérir, présentant seulement des alternatives de mieux et de pire, suivant que le temps est plus ou moins beau et qu'on mène une vie plus ou moins régulière.

L'angine chronique n'offre absolument aucun danger; aussi beaucoup d'individus qui en sont atteints négligent-ils de la faire soigner sans qu'il

en résulte aucun inconvénient pour leur santé.
Cependant, lorsque l'angine est très-prononcée, elle
elle ne laisse pas d'être fâcheuse et incommode, par
suite de l'altération de la voix qu'elle entraîne, et il
devient indispensable de la traiter, surtout si l'on
exerce une profession consistant à chanter ou à
parler. D'un autre côté, chez certains enfants et
certains adolescents, les amygdales sont parfois si
grosses et si rapprochées qu'elles bouchent le gosier et rendent la respiration difficile, ce qui arrête
le développement de la poitrine et maintient le
corps dans un état malingre et chétif. Dès que
l'amygdalite chronique est guérie, les enfants gran-
dissent aussitôt et reprennent des forces, et l'on est
tout étonné de voir disparaître en quelques mois
une faiblesse de constitution qu'on croyait plus
profonde et dont on n'avait pas d'abord soupçonné
la cause.

ANGINE ULCÉREUSE

AMYGDALITE ULCÉREUSE, PHARYNGITE ULCÉREUSE,
CHANCRE DE LA GORGE.

L'angine ulcéreuse est l'inflammation ulcéreuse
de la muqueuse du gosier. Cette maladie est médiocrement fréquente; elle est notamment beaucoup plus rare que l'angine chronique non ulcérée.

L'angine ulcéreuse est ordinairement le résultat
de la scrofule ou de la syphilis, de cette dernière
surtout qui produit à elle seule la plupart des ulcérations du gosier observées dans la pratique. Dans
ce cas, elle se montre ordinairement deux ou trois
mois après la contagion, et son apparition est la
preuve certaine que la syphilis est devenue générale et que son virus a passé dans le sang, d'où
il s'est répandu sur tous les organes.

Quelquefois l'angine ulcéreuse se produit spontanément et par le seul effet de l'évolution naturelle
de la syphilis. Mais le plus souvent elle est provoquée par diverses causes qui favorisent son développement, telles que les excès de travail, de veille,
de table et de plaisir, l'exposition prolongée au
froid et à la pluie, les privations de toute espèce, et
enfin neuf fois sur dix l'administration du mercure

ou de l'iodure de potassium prescrits l'un et l'autre
dans l'intention de guérir la syphilis. Peut-être ne
voudra-t-on pas croire que l'angine syphilitique soit
produite précisément par les remèdes avec lesquels
on pourrait la traiter. Rien n'est cependant plus vrai
et plus facile à comprendre. Le mercure et l'iodure
de potassium, de l'aveu même de ceux qui s'en
servent le plus, ne guérissent pas réellement la syphilis, et la preuve c'est que les malades qui ont
pris ces deux médicaments aux plus fortes doses
n'en sont pas moins tourmentés toute leur vie par
des accidents syphilitiques parfaitement caractérisés.

Non, le mercure et l'iodure de potassium ne guérissent pas la syphilis, ils se bornent à en accélérer le cours et à imprimer aux lésions qui la
constituent une évolution plus rapide, jusqu'à ce
qu'enfin ils aient produit une dernière manifestation morbide qui, celle-là, est mortelle et termine
en même temps et la syphilis et la vie. Cela posé,
quand on traite le chancre par le mercure on le
guérit il est vrai plus vite, mais on rend aussi plus
prompt et plus inévitable le développement de l'angine ulcéreuse qui doit lui succéder. De même, pour
cette maladie, les mercuriaux activent sa guérison
mais hâtent dans une égale mesure l'apparition des
accidents consécutifs à l'angine, la syphilis formant
une sorte de chaîne qui a son évolution fatale, et
dont le mercure se borne à rapprocher les anneaux
sans en supprimer aucun.

L'angine ulcéreuse syphilitique débute par un
gonflement et une rougeur obscure de la muqueuse
du gosier. Ce gonflement et cette rougeur peuvent
persister pendant un certain temps sans ulcération,
et faire croire à une amygdalite chronique ordinaire; mais bientôt, au bout de quelques jours ou de
quelques semaines, la muqueuse s'ulcère et la maladie se montre avec son vrai caractère.

Ces ulcérations s'annoncent par une tache grisâtre ou jaunâtre qui tranche sur la rougeur du
reste de la muqueuse, puis les portions ainsi tachées
se mortifient, se réduisent en sanie, et laissent à
leur place une perte de substance. Ces ulcères du
gosier sont plus ou moins irréguliers, mais toujours limités par des contours arrondis. Leurs bords
sont taillés à pic et entourés d'une auréole rouge
et diffuse, leur fond est grisâtre et laisse écouler
une humeur fétide que le malade avale malgré
lui. Un caractère qui manque rarement dans l'angine syphilitique, c'est l'induration des ganglions
lymphatiques correspondant au gosier. Ces ganglions, placés sur les côtés du cou et sous la mâchoire, ne sont nullement douloureux. Ils ont seulement doublé ou triplé de volume, et surtout ils
offrent une dureté bien plus grande qu'à l'état
normal. Leur présence bien constatée est un des
meilleurs signes de l'infection syphilitique.

Quand les ulcérations du gosier sont très-éten-
dues, elles donnent à la gorge un aspect des plus

hideux, mais elles sont beaucoup moins graves
qu'elles en ont l'air à première vue, parce que le
gonflement de leurs bords leur donne une profondeur apparente qu'elles ne possèdent pas réellement. En fait, la muqueuse n'est entamée que très-
superficiellement, et quand elle est guérie il est le
plus souvent impossible de découvrir les traces du
mal. Pourtant, dans certains cas plus graves, les
ulcères syphilitiques détruisent la muqueuse du gosier dans toute son épaisseur, et arrivent jusqu'aux
parties sous-jacentes qu'ils mettent à nu. Ils produisent alors des désordres graves, tels que la perfo-
ration ou la destruction plus ou moins complète du
voile du palais, l'ulcération des artères du cou, et la
mortification des os servant de charpente au gosier.

Chose remarquable, l'angine syphilitique, si étendue et si profonde qu'elle soit, ne donne lieu qu'à
une douleur très-médiocre, ou même est complète-
ment indolente, et on est tout étonné, quand on
examine des malades qui se plaignent à peine d'une
gêne légère dans le gosier, d'y trouver des ulcérations si nombreuses et si vastes, que toute la gorge
n'est plus qu'une plaie sordide. Cette absence de
souffrance se retrouve dans la plupart des ulcères
causés par la scrofule ou la syphilis, et c'est même
un des caractères servant à reconnaître l'existence
de ces maladies. Outre la douleur, l'angine syphilitique, pour peu qu'elle soit profonde, donne encore lieu
à un certain nombre de symptômes assez fâcheux.
D'abord, c'est la fétidité de l'haleine et le mauvais

goût dans la bouche ; ensuite, c'est une certaine
gêne de la déglutition et de la prononciation, surtout quand le mal occupe le voile du palais et l'a
perforé ou détruit en partie. Les aliments et les
boissons sont alors rejetés par le nez, et la parole
est voilée ou nasonnée. Enfin, quelquefois, il y a
des troubles du côté des oreilles, des tintements,
des bourdonnements, de la dureté de l'ouïe, ou
même une surdité complète, la maladie ayant envahi la *trompe d'Eustache* et en bouchant momentanément l'ouverture.

La marche de l'angine syphilitique est lente et
irrégulière. Souvent les ulcères restent stationnaires
pendant un certain laps de temps, ou même guérissent partiellement ; puis, tout à coup, à la suite
de quelque excès ou sans cause connue, ils reparaissent de nouveau, et, en quelques jours, rega-
gnent le terrain qu'ils avaient perdu. Quant à la
durée de la maladie, elle dépend de l'étendue et de
la profondeur des ulcérations. Si celles-ci sont peu
nombreuses et superficielles, elles sont guéries au
bout de quelques semaines ; l'angine se prolonge
au contraire pendant des mois et des années lorsque les ulcères occupent toute l'étendue du gosier
et que le voile du palais se trouve profondément
entamé. Sauf les accidents produits par l'ulcération
et la destruction du voile du palais, c'est-à-dire le
nasonnement de la voix et le rejet des aliments par
le nez, l'angine ulcéreuse n'est pas dangereuse et
est plutôt incommode qu'inquiétante, aussi beau-

coup de malades négligent-ils de la soigner. Cependant, dans certains cas, elle peut causer des
accidents graves et même la mort. Ainsi, quelquefois une ulcération s'attaque à l'artère *carotide*,
l'ouvre et produit une hémorrhagie mortelle. D'autres fois, les ulcères arrivant jusqu'aux os et aux
muscles du cou, les mettent à nu et les gangrènent,
d'où la formation d'abcès profonds qui s'étendent au
loin dans la poitrine et amènent une inflammation
mortelle du cœur et du poumon. Enfin, dans d'autres circonstances, la mort a lieu par un mécanisme
différent ; elle est produite par la sanie putride qui
coule du gosier et que le malade avale malgré lui.
Il en résulte un empoisonnement des plus dangereux, bientôt suivi d'une mort rapide ; mais, je le
répète, ces divers accidents sont extrêmement rares,
et, dans l'immense majorité des cas, l'angine ulcéreuse ne met nullement la vie en danger. Ce n'est
cependant pas là une raison pour ne pas la soigner
du tout, car un bon traitement aura toujours pour
effet d'en modérer les progrès et d'en diminuer
la durée.

MALADIES

DU LARYNX

Le larynx est l'organe de la voix, et à ce titre il présente une partie très-rétrécie destinée à produire les sons, la glotte. Celle-ci est de beaucoup le point le plus étroit des voies respiratoires ; aussi le moindre obstacle suffit-il pour l'obstruer et amener la suffocation ou la mort.

Par suite de la fonction spéciale dont il est chargé, le larynx présente des maladies plus variées que celles de la gorge ou des fosses nasales. Ces maladies, en ne comptant que les plus importantes, sont au nombre de sept : la **laryngite aiguë**, la **laryngite suffocante**, le **croup**, la **laryngite chronique**, la **laryngite ulcéreuse**, l'**œdème de la glotte** et l'aphonie. Graves ou inoffensives, toutes ces affections ont le caractère commun qu'elles altèrent profondément la voix ou même la suppriment tout à fait.

LARYNGITE AIGUE

ENROUEMENT, RHUME.

La laryngite aiguë est l'inflammation aiguë de la muqueuse du larynx. Comme toutes les inflammations de la muqueuse respiratoire, c'est une maladie fréquente, tout en étant cependant beaucoup plus rare que la coryza et la bronchite.

La laryngite est causée le plus souvent par le froid, l'humidité et les variations brusques de la température à l'époque des changements de saison. Le froid agit non-seulement à l'intérieur sur la muqueuse laryngienne, mais aussi à l'extérieur sur le cou, le larynx étant placé si superficiellement sous la peau qu'il est très-mal garanti contre le refroidissement.

D'autres fois la laryngite est produite par la respiration d'un air chargé de principes irritants, tels que la poudre ou la fumée de tabac, les vapeurs d'iode, de soufre, d'acide nitreux, la poussière, la fumée, etc.

Enfin une dernière espèce de laryngite est amenée par les grands efforts de voix, lorsqu'on parle ou qu'on chante haut et longtemps, et principalement lorsqu'on a passé une partie de la nuit à rire, à chanter, à fumer et à boire.

La laryngite frappe surtout les enfants et les adolescents, ce qui tient sans doute à ce que le larynx n'étant pas encore formé à cet âge, il conserve une certaine délicatesse, une certaine susceptibilité, qui disparaissent après la puberté. La laryngite est aussi plus fréquente chez les individus faisant profession de parler ou de chanter, les avocats, les acteurs, les chanteurs, les crieurs publics, toutes personnes chez qui la voix est habituellement fatiguée et s'enroue sous l'influence des causes les plus futiles.

Lorsque la laryngite est très-légère, elle se borne pour ainsi dire à un simple enrouement, sans autre symptôme. La voix est moins pure et moins forte qu'à l'ordinaire, surtout dans les notes les plus élevées, et l'on tousse en vain fréquemment pour se débarrasser de la gêne qu'on éprouve dans le gosier. Du reste, cet enrouement dure quelques heures à peine, ou tout au plus un jour ou deux, et il se dissipe bientôt tout seul, sans qu'on ait eu besoin de faire aucun traitement.

Quand l'inflammation du larynx est plus prononcée, la voix présente une plus grande altération. Elle est enrouée, rauque et comme cassée, passant brusquement par des alternatives de sons rudes ou criards, également désagréables. La parole est pénible et douloureuse, surtout lorsqu'il

faut s'exprimer un peu haut, et les malades parlent généralement à voix basse. Souvent même
ils préfèrent se taire et se faire comprendre par
signes, tant l'émission des sons les fatigue et les
agace.

En même temps que se produit cette altération
de la voix, on éprouve au cou une gêne et un picotement continuels qui font croire à l'existence d'un
corps étranger dans le larynx, et qui s'exagèrent
chaque fois qu'on parle ou qu'on tousse, produisant
alors une douleur très-passagère il est vrai, mais
si aiguë que les larmes en viennent aux yeux.

Dans la laryngite, la toux n'est pas bien violente
et manque parfois entièrement. Quand elle existe,
elle arrive par petites quintes que provoquent les
efforts de la voix, la respiration d'un air frais et la
déglutition des aliments ou des boissons. Elle est
habituellement suivie d'une expectoration peu abondante, consistant en quelques crachats blancs et
écumeux dénués de tout caractère.

La laryngite qu'on vient de décrire ne s'accompagne pas de fièvre et permet de continuer les occupations ordinaires. Cependant elle donne souvent
lieu à un certain malaise, tel que la sensibilité au
froid, la diminution de l'appétit, et surtout une
grande irascibilité provoquée par le dépit de ne
pouvoir parler. Heureusement que la durée de
cette indisposition n'est pas bien longue et dépasse
rarement huit à quinze jours. Aussi est-il à peu
près inutile de la traiter autrement que par quel-

ques soins hygiéniques, à moins pourtant qu'on n'exerce une de ces professions où la pureté de la voix est indispensable, et où il n'est pas indifférent d'être guéri de sa laryngite quelques jours plus tôt ou plus tard.

LARYNGITE SUFFOCANTE

LARYNGITE AIGUE INTENSE, LARYNGITE STRIDULEUSE, LARYNGITE
SPASMODIQUE, FAUX CROUP, PSEUDO-CROUP, ASTHME AIGU, ASTHME
DE MILLAR, CATARRHE SUFFOCANT.

La laryngite suffocante est une inflammation
aiguë de la muqueuse du larynx qui s'accompagne
de suffocation et de menaces d'asphyxie. On comprend sans peine combien ces nouveaux symptômes
augmentent la gravité de la laryngite aiguë et exigent
qu'on en donne une description spéciale. La laryngite suffocante est une maladie assez commune;
elle est notamment plus fréquente que le croup,
avec lequel on la confond si souvent.

La cause de la suffocation dans l'affection qui
nous occupe vient de ce que la muqueuse du larynx
est plus enflammée et plus gonflée que dans la laryngite ordinaire, et qu'elle bouche ainsi plus ou
moins complétement l'ouverture déjà si étroite de
la glotte. L'air ne pouvant plus alors pénétrer librement dans le poumon, le malade étouffe et suffoque exactement comme si on l'étranglait en lui
serrant le cou. Cependant, dans la laryngite suffocante, l'asphyxie n'est pas continuelle comme le
serait celle produite par un lien. Elle est au contraire intermittente, revenant par accès que séparent les uns des autres des intervalles d'une respi-

ration à peu près régulière. Ces accès sont dus à plusieurs causes.

D'abord ils résultent des variations survenant dans l'inflammation et le gonflement de la muqueuse laryngienne. Celle-ci ne présente pas toujours exactement le même état pendant toute la durée de la maladie, mais elle se tuméfie notablement sous l'influence du froid, de l'humidité et de la fièvre, ce qui rétrécit aussitôt l'ouverture du larynx laissée libre et produit un accès de suffocation. Comme la glotte, déjà naturellement très-étroite, est encore diminuée dans la laryngite suffocante par le gonflement de la muqueuse, on comprend sans peine que le moindre accroissement de cette étroitesse gêne le passage de l'air et amène un accès.

D'autres fois, la suffocation est due à des mucosités visqueuses qui adhèrent aux lèvres de la glotte et en obstruent plus ou moins l'ouverture. Dans l'état de santé, ces mucosités ne produisent aucun accident et donnent lieu seulement à ce qu'on appelle un *chat,* l'entrée du larynx étant alors assez large pour être quelque peu rétrécie sans inconvénient. Mais, dans la laryngite suffocante, il n'en est plus de même; la moindre mucosité y suffit pour obstruer une glotte déjà trop étroite et pour amener un accès de suffocation qui ne cesse que lorsque le *chat* a été expulsé par un violent effort de toux.

D'autres fois enfin, les accès de la laryngite suf-

focante sont dus à la fatigue des petits muscles qui
dilatent la glotte et la tiennent ouverte. En effet,
quand le larynx est rétréci par l'inflammation de
sa muqueuse, le malade ne se laisse pas étouffer sans
combat ; mais, instinctivement, il contracte énergiquement les muscles de la glotte, afin de la maintenir aussi dilatée que possible. Or ces muscles
ainsi contractés se fatiguent à la longue ; ils
éprouvent des défaillances et des relâchements, et
il en résulte chaque fois un rétrécissement momentané du larynx et un accès de suffocation.

Les causes de la laryngite suffocante sont les
mêmes que celles de la laryngite ordinaire. La plus
importante est le froid, surtout celui qui frappe
pendant la nuit les enfants ayant la mauvaise habitude de se découvrir en dormant. Cependant il est
une cause de laryngite qui, grâce à son intensité,
produit pour ainsi dire constamment la forme suffocante de cette maladie, c'est la brûlure de la
glotte provoquée par la respiration d'une vapeur
brûlante ou par la déglutition des boissons bouil-
lantes. Le premier de ces accidents se produit d'ordinaire dans les incendies et dans les explosions
de chaudières, lorsqu'on respire à pleins poumons
l'air chargé de fumée ou de vapeur. Il faut alors,
pour sauver sa vie, se jeter immédiatement les
lèvres contre terre ou fuir au dehors en se mettant
la main devant la bouche et les narines, restant
sans respirer aussi longtemps que possible et jusqu'à ce qu'on se sente étouffé. En procédant ainsi,

on donne à la vapeur brûlante que l'on respire le
temps de se refroidir un peu par son contact avec
le sol ou les mains, et cette simple précaution vous
évite de contracter une maladie habituellement
mortelle.

La laryngite suffocante causée par la brûlure
de larynx peut se rencontrer à tout âge. Quant à
celle produite par la seule action du froid, elle ne
s'observe guère que chez les jeunes enfants entre
deux et huit ans, et elle est tout à fait exceptionnelle à un âge plus avancé. Cette prédisposition
spéciale aux enfants vient de ce que leur glotte est
excessivement étroite, et, toute proportion gardée,
bien moins large que chez les adultes. Chez eux,
le moindre gonflement inflammatoire, la moindre
mucosité, obstruent complétement la glotte et produisent ainsi la suffocation. Ajoutons à cela que les
enfants ont besoin de respirer plus souvent que les
grandes personnes, et qu'ils étouffent ainsi bien
plus facilement lorsqu'on vient à diminuer la ration
d'air qui leur est nécessaire.

La laryngite suffocante de l'enfance est remarquable par la brusquerie de son début. Tout à coup,
au milieu de la nuit, des enfants qui la veille en se
couchant se portaient parfaitement bien ou n'a-
vaient qu'un enrouement des plus légers, tout à
coup ces enfants se réveillent en sursaut avec une
toux rauque et suffoquent. Ce début brusque de la
maladie effraye beaucoup les parents et leur fait

croire immédiatement à l'existence du croup, d'autant plus que la vue de l'enfant qui étouffe et commence à s'asphyxier n'est pas faite pour les rassurer. Cependant, ce début si rapide n'est pas aussi dangereux qu'il le paraît et doit plutôt éloigner l'idée du croup que faire craindre cette maladie. Le croup, en effet, commence bien rarement par un accès de suffocation aussi inattendu, et le plus souvent les enfants qui en sont atteints ont pendant un jour ou deux la voix enrouée et éteinte avant de présenter leur premier accès.

Dans certains cas cependant, la laryngite suffocante ne débute pas avec sa brusquerie habituelle, et elle est précédée pendant quelques heures ou quelques jours par une laryngite ordinaire plus ou moins intense, ce qui se comprend aisément, l'inflammation du larynx ne prenant le caractère suffocant que lorsque le gonflement de la muqueuse enflammée est devenu assez considérable pour obstruer la glotte et mettre un obstacle à l'entrée de l'air dans les poumons.

Mais que la laryngite suffocante débute ou non brusquement, le premier accès de suffocation se montre toujours subitement. Tout à coup, le plus souvent sans cause visible, l'enfant se réveille en sursaut ou s'arrête au milieu de ses jeux, et se met à suffoquer. Il est pris d'une toux rauque, forte et sonore semblable aux aboiements d'un jeune chien; sa respiration devient rapide, haletante et entrecoupée, et il se produit pendant l'inspiration un

bruit strident, plus aigu et plus déchirant encore
que celui de la coqueluche, et comparé, comme ce
dernier, à un cri de coq. Cependant, malgré sa toux
énergique et les efforts violents qu'il fait pour désobstruer sa glotte, l'enfant étouffe et éprouve un
commencement d'asphyxie. Assis dans son lit pour
mieux respirer, il jette la tête en arrière, ouvre largement la bouche, dilate les narines et s'écorche le
cou avec les ongles comme pour en arracher quelque chose qui l'étrangle, tandis que ses membres
s'agitent dans de faibles convulsions et que ses yeux
saillants, hagards et pleins de terreur, annoncent le
sentiment d'une mort prochaine.

Cependant, après avoir duré quelques minutes
ou quelques heures et avoir présenté des variations
dans son intensité, l'accès de suffocation se dissipe avec la cause qui rétrécissait l'entrée de
la glotte. Aussitôt disparaissent l'anxiété et les
signes d'asphyxie ; la respiration devient moins
bruyante, moins précipitée, moins entrecoupée, la
toux est moins rauque et moins sifflante, le malade
expectore quelques crachats blancs et écumeux, et
bientôt il ne reste plus d'autre trace de l'accès qu'un
peu de fatigue en rapport avec la durée et la violence de la suffocation.

Quelquefois la laryngite suffocante se borne à un
seul accès, mais le plus souvent, il en arrive encore
un ou deux, moins violents, il est vrai, et moins
prolongés que le premier. Puis, au bout de deux
ou trois jours au plus, la suffocation a complète-

ment disparu, et il reste une laryngite ordinaire,
qui elle-même ne tarde pas à guérir sans accidents.
Dans certains cas cependant, la laryngite suffocante est plus durable, et ses accès se reproduisent
plus ou moins régulièrement toutes les nuits pendant quinze jours ou même un mois. D'autres fois,
elle est beaucoup plus fâcheuse encore et se termine d'une façon funeste. Tantôt la mort a lieu
par asphyxie pendant le premier accès de suffocation,
et en quelques minutes l'enfant le mieux portant
peut périr étouffé, mais cela est extrêmement rare.
Le plus souvent les malades sont asphyxiés lentement. Comme l'obstruction de la glotte n'est jamais
tout à fait complète et laisse toujours un petit passage à l'air, les enfants vivent quelques heures ou
même quelques jours avec ce peu d'air, et ils ne
périssent que lorsque leurs forces épuisées ne leur
permettent plus de continuer une respiration aussi
laborieuse. Dans ce cas, les malades ne meurent
pas étouffés dans un accès, mais ils s'éteignent peu
à peu sans angoisse et sans agitation. Quand cela
doit arriver, les accès de suffocation deviennent de
plus en plus faibles et cessent entièrement ainsi
que la toux; seule, la respiration reste bruyante,
sifflante, horriblement gênée, et s'accompagnant à
chaque inspiration d'un enfoncement des côtes.
Cependant, par suite du manque d'air, la face se
bouffit et prend une teinte livide, les extrémités se
refroidissent et se marbrent de taches violacées; il
y a un peu de délire et de la somnolence, les yeux

s'éteignent et deviennent glaireux, le pouls se pré-
cipite, faiblit de plus en plus, puis disparaît, la
respiration se ralentit peu à peu, et quand elle cesse
tout à fait, la mort arrive douce comme le sommeil.

Cette terminaison mortelle est très-rare dans la
laryngite suffocante qui survient spontanément
chez les enfants. Elle est au contraire de règle dans
la laryngite intense provoquée par une inflammation violente du larynx, telle qu'une brûlure de
cet organe.

Bien que la laryngite suffocante se termine pour
ainsi dire toujours d'une manière heureuse, et qu'elle
soit sous tous les rapports beaucoup moins grave
que le croup, il faut cependant ne pas l'abandonner à
elle-même, et cela pour deux raisons. D'abord pour
l'empêcher de durer plusieurs semaines, et en second lieu, pour prévenir une terminaison funeste
toujours possible, quoique fort rare.

CROUP

LARYNGITE PSEUDO-MEMBRANEUSE, LARYNGITE COUENNEUSE,
DIPHTHÉRITE DU LARYNX.

Le croup est l'inflammation pseudo-membraneuse
de la muqueuse du larynx. C'est une maladie qui
n'est pas extrêmement fréquente, mais qui sévit par
épidémies, de telle sorte qu'on est longtemps sans
en rencontrer un seul cas, puis tout à coup on en
observe un grand nombre qui surviennent tous
à la fois. Du reste, le croup véritable est en réalité
moins commun qu'on ne suppose généralement,
parce que souvent on prend pour lui de simples
laryngites suffocantes.

Le croup est produit par les mêmes causes que
l'angine couenneuse. Comme cette maladie, il est
contagieux et résulte de l'absorption d'un principe
diphthéritique provenant d'un autre croup ou d'une
angine maligne. C'est qu'en effet ces deux maladies ne sont pas réellement distinctes, mais constituent une seule et même affection, produite par
les mêmes causes, entraînant les mêmes dangers et
siégeant seulement dans deux organes différents :
le croup dans le larynx et l'angine dans la gorge.
Aussi, le plus souvent, les trouve-t-on réunies chez
le même sujet, et les voit-on apparaître à quelques

heures d'intervalle ou même tout à fait simulta-
nément.

Cependant, tout en étant au fond la même affection que l'angine couenneuse, le croup, à cause de
son siége dans le larynx, s'accompagne de symptômes propres et mérite à ce titre une description
spéciale. Je passerai donc immédiatement à l'histoire de ses symptômes, sans m'occuper plus longtemps de ses causes, celles-ci étant les mêmes que
celles de l'angine pseudo-membraneuse, et ayant
déjà été exposées en détail à propos de cette dernière maladie.

Lorsque le croup débute par une angine couenneuse, ses premiers symptômes sont ceux de cette
maladie : la lassitude, la tristesse, l'inflammation de la gorge, le gonflement des ganglions du
cou, et enfin l'apparition sur les amygdales ou le
voile du palais d'une pellicule pseudo-membraneuse
d'un aspect caractéristique. Lorsque l'inflammation
diphthéritique attaque d'abord le larynx, elle s'annonce par la même lassitude et la même tristesse,
auxquelles vient bientôt se joindre un simple enrouement semblable à celui de la laryngite ordinaire. Mais bientôt, par suite des progrès du mal,
l'enrouement augmente en même temps qu'il se
caractérise plus nettement. La voix est alors profondément altérée ; de sourde et rauque qu'elle
était, elle devient basse et étouffée, et, vers la fin de
la maladie, elle cesse tout à fait de se faire entendre,

les malades soufflant pour ainsi dire leurs paroles au lieu de les articuler. Cette voix du croup vrai est bien différente de celle du faux croup, qui, elle, est forte, rauque, et semblable à un cri de coq ou à un aboiement de chien. Cependant, lorsque le larynx est débarrassé par l'expectoration des fausses membranes qui le tapissent et étouffent ses vibrations, la voix peut reprendre momentanément son timbre ordinaire ou rester simplement enrouée, ce qui fait croire à la guérison du croup. Mais cette illusion dure peu, la reproduction de la fausse membrane dans le larynx venant bientôt redonner à la voix son caractère croupal.

En même temps qu'il s'enroue, le malade éprouve une certaine gêne dans le gosier et tousse fréquemment pour se débarrasser de cette sensation. Cette toux a tous les caractères de la voix ; d'abord simplement râpeuse et cassée, elle devient plus tard sourde, creuse, comme rentrant dans le gosier, et par conséquent diffère complétement de la toux bruyante et stridente propre à la laryngite suffocante. Quand, par suite des progrès du mal, les fausses membranes tapissent toute la glotte et en oblitèrent la lumière, la toux s'assourdit et s'étouffe, puis devient silencieuse comme la voix. Naturellement, quand ces fausses membranes sont expulsées, la toux reprend momentanément un timbre plus fort, pour s'éteindre encore aussitôt que le larynx s'est recouvert de nouvelles productions diphthéritiques.

Aussitôt que les fausses membranes du larynx ont acquis assez d'épaisseur pour obstruer l'ouverture de la glotte, la respiration devient gênée et laborieuse. Le malade, plein d'anxiété, respire vite et brusquement, comme s'il avait peur d'étouffer. Il soulève avec effort la poitrine, gonflant le ventre, déprimant les côtes et ouvrant toutes grandes ses narines, pour aspirer l'air avec plus de force et le faire pénétrer à travers l'ouverture rétrécie du larynx. Il en résulte à chaque inspiration un sifflement caractéristique qui est plus prononcé après les accès de toux, et surtout après les grandes quintes. La sortie de l'air contenu dans la poitrine est au contraire silencieuse ou simplement ronflante toutes les fois que le malade ne tousse pas.

Au début du croup, les malades ne crachent pas ou ne rendent que des crachats blancs, muqueux, largement aérés, et sans caractère spécial. Plus tard, il y a une expectoration abondante de mucosités filantes et visqueuses au milieu desquelles il n'est pas rare de trouver des fragments plus ou moins étendus de fausses membranes. Celles-ci ressemblent à des espèces de peaux blanchâtres ou grisâtres, très-solides, très-résistantes, et rappelant la couenne du lard par leur couleur et et la difficulté qu'on a à les déchirer. Elles ont une grande tendance à s'enrouler sur elles-mêmes et forment alors des paquets gluants qu'on peut aisément confondre avec un amas de mucus ordinaire. Pour éviter cette erreur, et pour

constater avec certitude l'existence ou l'absence
des couennes dans les matières expectorées, il
faut prendre ces matières et les délayer dans l'eau.
On enlève ainsi les mucosités qui dissimulent la
fausse membrane, et celle-ci se montre avec ses
caractères propres. Tantôt elle consiste en petits
lambeaux irréguliers ayant à peine un centimètre
d'étendue ou même moins encore, et reconnais-
sables seulement, au milieu du mucus, à leur aspect
nacré et à leur ténacité. Dans d'autres cas, les
fragments expectorés sont plus considérables, et
forment de véritables peaux aisées à reconnaître.
D'autres fois enfin les fausses membranes rendues
sont encore mieux caractérisées. Elles constituent
des tubes simples ou ramifiés, représentant exactement la forme de la trachée et des bronches sur
lesquelles ils sont moulés, ce qui, par parenthèse,
indique avec certitude que la maladie s'est propagée
du larynx dans le poumon.

De temps en temps, lorsque les faussses membranes tapissant le larynx s'en détachent en partie
et flottent dans sa cavité, ou encore, lorsque les mucosités et les lambeaux pseudo-membraneux expectorés des bronches arrivent à la glotte et en
bouchent momentanément l'ouverture, le malade
éprouve tout à coup des accès de suffocation qui
donnent au croup un aspect terrifiant. Le plus
souvent, ces accès n'arrivent que lorsque le croup
existe déjà depuis quelque temps et s'est fait connaître par l'altération caractéristique de la toux et

de la voix. Quelquefois cependant, il n'en est pas ainsi, et le croup éclate d'une manière subite par une suffocation foudroyante. Quoi qu'il en soit, que l'accès soit ou non la première manifestation du croup, tout d'un coup, le plus souvent sans cause connue et pendant la nuit, le malade étouffe ; il s'asseoit brusquement sur son lit, porte les mains à son cou, comme pour en arracher l'obstacle qui le suffoque, jette sa tête en arrière et respire précipitamment et avec force, afin de faire pénétrer dans ses poumons l'air qui lui manque. Mais tous ces efforts ne peuvent empêcher les progrès de l'asphyxie. La figure se gonfle et prend une teinte violacée, surtout aux lèvres ; les yeux hagards tournent pleins d'anxiété à droite ou à gauche, ou sont convulsés en haut et cachés sous les paupières ; le corps se raidit dans des convulsions et se recouvre d'une sueur froide ; enfin, si l'accès se prolonge, la respiration se ralentit, les extrémités se refroidissent, le pouls devient insensible, et la mort ne tarde pas à survenir. Mais cette terminaison fàcheuse est extrêmement rare ; le plus souvent, après avoir étouffé un temps variable, quelques minutes ou quelques heures, l'enfant rejette les mucosités ou les fausses membranes qui obstruaient l'ouverture de la glotte et s'opposaient au passage de l'air. L'asphyxie et l'oppression disparaissent alors rapidement, et il reste seulement un épuisement et une somnolence en rapport avec la durée de l'accès et la violence des efforts faits par les malades.

Rien du reste de variable comme ces accès de suffocation. Quelquefois ils manquent entièrement, et le croup suit son cours sans en présenter un seul. Dans d'autres cas, ils sont si fréquents qu'ils se produisent pour ainsi dire à chaque minute, et que le malade n'a pas un seul moment pour respirer librement. Bien souvent ils ne durent qu'un instant et sont tout de suite terminés par une expectoration de mucosités ou de fausses membranes. D'autres fois, ils se prolongent plusieurs heures sans interruption, et, pendant tout ce temps, le malade, placé entre la vie et la mort, fait de vains efforts pour faire passer à travers la glotte le paquet pseudo-membraneux qui l'étouffe. Puis tout à coup, par un effort désespéré, les fausses membranes lancées avec force franchissent l'obstacle du larynx et aussitôt le calme et le bien-être succèdent à la suffocation. Souvent même ces efforts de toux sont si violents que les malades vomissent les aliments et les boissons qu'ils ont pris, en même temps qu'ils expectorent leurs fausses membranes.

En général les sujets atteints de croup ont une fièvre dont l'intensité répond à la gravité de leur mal. Leur peau chaude et sèche se couvre facilement de sueur au moment des accès; leur pouls est d'une fréquence extrême, surtout pendant la suffocation, ou il est si précipité et en même temps si petit qu'il devient difficile de le compter. Chose remarquable, pendant que les enfants ont cette fièvre intense et qu'ils suffoquent avec le plus de

violence, l'intelligence reste parfaitement intacte. Il
y a de l'abattement, de la fatigue, de la prostration,
de la somnolence, quand les accès sont très-intenses et se répètent souvent, mais il n'existe jamais de délire, symptôme cependant si fréquent
dans les maladies de l'enfance.

Le croup est une affection à marche aiguë qui
dure rarement plus d'une semaine et souvent même
se termine fatalement en deux ou trois jours. Les
accès se succèdent de plus en plus intenses, et bientôt ils sont tellement rapprochés qu'ils se joignent
et amènent une asphyxie continue. Sous cette influence, l'enfant tombe dans une torpeur invincible,
et il succombe à la suite d'une crise un peu plus
forte que les autres, ou bien au contraire il s'éteint
peu à peu et sans secousse, étouffé par une asphyxie
lente. Dans certains cas cependant, la mort se produit par un autre mécanisme, et est due à l'empoisonnement du sang et à la paralysie du cœur,
comme dans l'angine couenneuse. C'est ce qui a
lieu notamment chez les adultes où la glotte, beaucoup plus large que chez les enfants, est bien rarement assez obstruée par les fausses membranes pour
qu'il y ait suffocation.

Quand le croup doit guérir, on voit qu'au bout
de quelques jours la toux est moins rauque et
l'inspiration moins sifflante. En même temps les
fausses membranes se détachent plus facilement,
bientôt même elles cessent de se produire et sont
remplacées par des mucosités filantes et visqueuses

semblables à du pus. Les accès de suffocation deviennent plus faibles, puis disparaissent entièrement; la fièvre tombe, l'appétit renaît, le malade se montre chaque jour plus gai et plus fort, et bientôt il entre en pleine convalescence et guérit sans autre accident. Quelquefois cependant la guérison du croup est plus lente, les enfants restent longtemps faibles et débiles, et parfois ils conservent un enrouement qui se prolonge pendant plusieurs semaines ou plusieurs mois.

On a prétendu que le croup pouvait frapper plusieurs fois le même sujet. C'est là une erreur qui provient de ce qu'on a confondu le croup vrai avec la laryngite suffocante, qui, elle, récidive en effet assez souvent. Quant au vrai croup, il est au moins très-rare qu'il revienne deux fois chez le même individu, par la raison fort simple que sa première atteinte est bien fréquemment mortelle.

Le croup est une affection des plus dangereuses. Cependant il ne faudrait pas exagérer sa gravité et croire qu'il fait périr tous ceux qu'il atteint. Quand il est pris à temps et bien soigné, il guérit dans le tiers ou le quart des cas, sauf cependant certaines épidémies très-meurtrières où le mal est plus fort que les remèdes, et où un malade sur dix a de la peine à réchapper.

Chose remarquable, la mortalité du croup est au moins aussi grande chez les enfants forts et bien nourris que chez les sujets faibles et délicats. Mais, si une constitution robuste n'est pas un gage contre

le croup, cette maladie devient pour ainsi dire constamment funeste lorsqu'elle frappe des sujets ayant
déjà une affection grave, telle que la rougeole, la
variole, la scarlatine, la coqueluche, la fièvre typhoïde, la bronchite capillaire, la pneumonie, la
phthisie pulmonaire, etc. Dans ces cas malheureux,
le croup est non-seulement toujours mortel, mais
encore d'une rapidité foudroyante, deux ou trois
jours lui suffisant pour emporter le malade.

LARYNGITE CHRONIQUE

ENROUEMENT, RAUCITÉ DE LA VOIX.

La laryngite chronique est l'inflammation chronique de la muqueuse du larynx. C'est une maladie assez fréquente, surtout dans sa forme la plus légère, le simple enrouement.

La laryngite chronique est habituellement produite par les grands efforts de voix, aussi est-elle commune chez les crieurs publics, les marchands ambulants, les chanteurs des rues, les bateleurs et toutes les personnes qui, par état, sont obligées de parler haut.

D'autres fois, la laryngite chronique est causée par le séjour prolongé dans un air chargé de vapeurs ou de poudres irritantes, tel que l'atmosphère des estaminets, des fabriques de produits chimiques et des manutentions de tabac. Enfin bien souvent elle est provoquée par l'habitude des excès alcooliques, surtout lorsque ces excès s'accompagnent de chants, de cris, et qu'ils ont lieu dans des tabagies.

La laryngite chronique n'a à vrai dire qu'un seul symptôme, c'est l'altération de la voix. Celle-ci, dans les cas les plus légers, est simplement rauque, dure et un peu voilée. Dans les enrouements plus intenses, elle est basse, raclante, étranglée, et s'accompagne d'un sifflement guttural qui en dénature complétement le timbre. La formation des sons aigus est surtout difficile ; souvent même il est tout à fait impossible de les obtenir. En même temps qu'elle est altérée, la voix a perdu toute sa force. Le malade, pour se faire entendre, est obligé de se livrer à des efforts pénibles ; il ne peut plus s'exprimer que tout bas, et il se trouve fatigué et comme exténué dès qu'il essaye de parler un peu haut. Il n'y a pas à proprement parler de douleur, mais il existe dans la gorge une gêne permanente qui donne la sensation d'un corps étranger logé dans la cavité du larynx, et excite un toussotement continuel plutôt qu'une véritable toux.

La laryngite chronique, une fois établie, se prolonge pendant des années sans avoir aucune tendance à guérir d'elle-même ; aussi est-il nécessaire de se soumettre à un traitement si l'on tient à s'en débarrasser et à recouvrer la pureté de la voix.

LARYNGITE ULCÉREUSE

ULCÈRE DE LA GLOTTE, CHANCRE DU LARYNX, PHTHISIE LARYNGÉE.

La laryngite ulcéreuse est l'inflammation ulcéreuse de la muqueuse du larynx. Cette maladie est assez commune; elle est beaucoup plus fréquente que la laryngite chronique simple, et c'est à elle que sont dus la plupart des enrouements persistants observés dans la pratique.

La laryngite ulcéreuse est produite quelquefois par le virus syphilitique, mais cela est fort rare, la syphilis n'ayant aucune tendance à envahir le larynx, et préférant, on ne sait pourquoi, attaquer la gorge et les fosses nasales. Le plus souvent la laryngite ulcéreuse est due à la phthisie pulmonaire, et c'est pour cette raison qu'on lui a donné le nom de *phthisie laryngée*. Ainsi qu'on le verra plus loin, les maladies de poitrine sont dues à des ulcérations qui se développent dans les poumons et en détruisent peu à peu le tissu. Or, il arrive souvent que le travail ulcératif de la phthisie ne reste pas borné à la poitrine, mais qu'il s'étend au larynx et donne ainsi naissance à la maladie qui nous occupe. D'abord les ulcérations du gosier sont rares, peu étendues, et forment de petites érosions arrondies ou oblongues, limitées à la surface de la muqueuse. Plus tard elles deviennent plus nombreuses et surtout plus profondes, détruisant la muqueuse dans toute son épaisseur et arrivant jusqu'aux cartilages du larynx. C'est habituellement sur les cordes vocales que ces ulcérations se développent de préférence et font les progrès les plus rapides. Aussi ces cordes sont-elles souvent rongées en partie, ou même complétement détruites. Enfin, dans le dernier degré de la phthisie laryngée, les cartilages eux-mêmes sont atteints par le mal ; ils se corrodent, ils se mortifient, ils se carient et produisent ainsi des abcès froids et des fistules aboutissant à la peau du cou.

Les causes de la laryngite ulcéreuse sont les mêmes que celles de la phthisie pulmonaire, et seront indiquées plus loin avec détail à propos de cette dernière maladie. Disons seulement ici que, parmi ces causes, les plus importantes sont l'hérédité, l'exposition habituelle au froid et à l'humidité, une alimentation mauvaise ou insuffisante, les grossesses répétées, les allaitements prolongés, l'abus des boissons alcooliques, les excès de veille et de travail, et enfin l'usage de tous les médicaments employés ordinairement dans le traitement de la phthisie pulmonaire. Cependant la phthisie laryngée a un certain nombre de causes spéciales qui sont les mêmes que celles de la laryngite chronique simple. Ce sont les grands efforts de voix nécessités par les professions d'avocat, d'acteur, de

crieur public, de marchand; c'est encore le froid au
cou, la respiration de vapeurs ou de poussières irritantes, et enfin les cautérisations de la gorge
faites par certains médecins dans le traitement de
la laryngite chronique et du croup.

Le plus souvent la phthisie laryngée ne se développe qu'à la fin de la phthisie pulmonaire, lorsque
cette dernière affection est déjà très-avancée et a
gravement compromis la santé. Dans quelques cas
cependant, la maladie du larynx débute en même
temps que celle du poumon ou même précède cette
dernière. Ces phthisies qui commencent par le larynx sont même de la pire espèce et emportent
habituellement les malades avec une grande rapidité.

La laryngite ulcéreuse, qu'elle soit due à la
syphilis ou à la phthisie pulmonaire, commence
par un enrouement léger, mais continuel, qui ressemble à celui de la laryngite chronique et dont le
malade ne s'inquiète aucunement. Mais bientôt
le mal, par sa persistance et par ses progrès in-
cessants, laisse voir toute sa gravité. La voix, qui
n'était d'abord que rude et enrouée, devient rauque,
fausse, discordante, changeant de ton d'un instant
à l'autre, surtout lorsque le malade fait des efforts
pour se faire entendre. Tantôt aiguë et glapissante,
elle se montre tout à coup basse, assourdie et comme
avortée, ou bien elle est entièrement couverte par
un sifflement, un ronflement, un râlement, qui se
passent dans le gosier et nuisent beaucoup à la

clarté de la parole. En même temps que la voix présente ces altérations, le malade sent dans la gorge une gêne, un chatouillement, qui lui font croire à la présence d'un corps étranger dans le larynx et l'obligent à tousser continuellement. Souvent même cette gêne du gosier devient une véritable douleur, qui se fait sentir principalement lorsqu'on a parlé un peu haut ou trop long-temps.

Cependant, par suite des progrès des ulcérations, les cordes vocales, qui n'étaient d'abord que légèrement entamées, sont chaque jour rongées par le mal et se trouvent bientôt plus ou moins complétement détruites. La voix perd alors toute sa force; de rauque, criarde et raboteuse qu'elle était, elle devient sourde, étouffée, et les malades parlent si bas et ont tant de peine à se faire entendre, qu'ils soufflent leurs paroles plutôt qu'ils ne les articulent. La toux participe aux mêmes caractères; elle est éteinte et silencieuse et s'accompagne d'une expectoration de crachats blancs-jaunâtres durs et pelotonnés, ou au contraire semi-liquides et semblables à du pus. Parfois ces crachats sont striés de sang, ou, plus rarement encore, on y trouve des fragments d'os et de cartilages mortifiés. Quand les malades parlent fort ou qu'ils toussent, et même quand ils gardent le silence, ils éprouvent dans le larynx une gêne, une tension douloureuse, et ils ont parfaitement la conscience qu'il existe une plaie vive dans leur gosier. Si alors on examine l'intérieur du larynx avec le *laryngoscope*, on constate aisément que la glotte est ulcérée plus ou moins profondément et que ses lèvres sont partiellement rongées ou même entièrement détruites. D'autres fois, les malades avalent difficilement; ils toussent chaque fois qu'ils mangent et rejettent leurs boissons par le nez. Ces symptômes sont dus à l'ulcération et à la destruction plus ou moins complète de l'épiglotte qui ne protége plus suffisamment le larynx et y laisse tomber des parcelles d'aliments. Enfin, dans quelques cas rares, une tuméfaction du cou avec rougeur et plaie de la peau au niveau du larynx, indique que les cartilages de cet organe sont mortifiés et sont devenus la cause d'un abcès froid et d'une fistule.

A ces symptômes propres de la phthisie laryngée se joignent habituellement ceux de la phthisie pulmonaire. Les malades ont une toux continuelle, d'abord sèche, puis donnant lieu à des crachats blancs, opaques et arrondis; ils crachent du sang; leur respiration devient courte, surtout en montant; tous les soirs ils ont une fièvre qui se termine le matin par une transpiration abondante; enfin ils perdent l'appétit, s'affaiblissent de plus en plus, tombent dans le marasme, et finissent par s'éteindre d'une manière subite ou après une courte agonie. Quelquefois cependant les malades affectés de laryngite ulcéreuse ne meurent pas lentement d'une phthisie pulmonaire; mais ils périssent dans l'espace de quelques jours, étouffés par un *œdème de la glotte* qui s'est développé autour des ulcérations du larynx et a été causé par elles.

La laryngite ulcéreuse a dans ses commencements une marche lente et trompeuse. Pendant long-temps on la voit rester assez légère, présentant seu-lement une aggravation par les temps froids ou hu-mides et à la suite des erreurs hygiéniques, tandis qu'elle s'améliore notablement ou même disparaît tout à fait pour quelques mois pendant la belle saison et lorsque le malade mène une vie régulière. Bientôt cependant elle fait des progrès rapides et va toujours en empirant, mais en présentant jusqu'aux der-niers moments des alternatives d'un mieux passager qui, s'il ne trompe pas les autres, abuse du moins le malade et lui dissimule la gravité de son état.

Abandonnée à elle-même, la phthisie laryngée a une durée qui varie suivant la force des sujets et le genre de vie qu'ils mènent. Elle peut être en moyenne de deux ou trois ans, mais parfois elle est bien moins longue et ne dépasse pas cinq ou six mois. C'est notamment ce qui arrive lorsque les malades sont soumis à des traitements mal insti-tués, et que, par exemple, ils ont pris du mercure dans l'opinion fausse que leur laryngite était de nature syphilitique. Bien traitée, la phthisie laryn-gée se prolonge beaucoup plus longtemps et peut même guérir tout à fait lorsqu'elle a été prise à temps, avant que les cordes vocales soient dé-truites et surtout avant que la phthisie pulmonaire ait trop gravement compromis la santé.

ŒDÈME DE LA GLOTTE.

LARYNGITE ŒDÉMATEUSE.

L'œdème de la glotte est l'inflammation œdémateuse de la muqueuse du larynx et particulièrement des lèvres de la glotte. C'est une maladie très-grave, mais aussi très-rare, surtout à l'état simple, car le plus souvent elle ne fait que compliquer quelque autre affection dont elle vient hâter la terminaison fatale.

L'œdème de la glotte est constitué essentiellement par une infiltration de sérosité dans la muqueuse du larynx. Par suite de cette infiltration, les lèvres de la glotte augmentent considérablement de volume et forment de chaque côté du gosier un gros bourrelet épais et mollasse qui obstrue l'ouverture du larynx et s'oppose au libre passage de l'air. Il en résulte une gêne considérable de la respiration, et des accès de suffocation qui amènent bientôt l'asphyxie et la mort.

L'œdème de la glotte se produit dans des circonstances diverses. Tantôt il se montre à la fin d'une maladie grave, d'une fièvre typhoïde, d'un érysipèle, d'une pneumonie, lorsque le sang a été appauvri par la durée de la fièvre ou par un traitement trop énergique. Si alors le malade est exposé

au froid et qu'il contracte une laryngite, celle-ci
aura une grande tendance à prendre la forme
œdémateuse. D'autres fois, l'œdème de la glotte se
développe pendant le cours d'une affection chronique, d'une phthisie laryngée, par exemple. Il est
alors la conséquence des ulcères, des caries, des
abcès qui existent dans le gosier et enflamment par
leur voisinage les lèvres de la glotte en l'infiltrant
de sérosité. Dans d'autres cas, enfin, l'œdème de
la glotte est causé par des substances caustiques
qui ont pénétré dans le gosier et y ont produit une
violente inflammation. Tantôt ces substances caustiques ont été avalées par le malade dans une ten-
tative de suicide avec l'acide sulfurique ou l'acide
nitrique. D'autres fois, c'est le médecin lui-même
qui les a introduites dans la gorge en cautérisant
celle-ci avec le nitrate d'argent, l'acide chlorhydrique
et le fer rouge, ou en prescrivant le tartre stibié à
haute dose comme traitement d'une pneumonie. Du
reste, pour que ces différents caustiques produisent
un œdème de la glotte, il n'est nullement nécessaire
qu'ils intéressent directement le larynx ; il suffit
qu'ils cautérisent la bouche ou la gorge, le gonflement inflammatoire qui se développe autour des
plaies pouvant aisément atteindre la glotte et amener son œdème.

Qu'il soit le résultat d'un accident ou qu'il survienne pendant le cours d'une maladie aiguë
ou chronique, l'œdème de la glotte, aussitôt

qu'il existe, s'annonce par une sensation de gêne dans le gosier, par la raucité de la voix et par la difficulté de la respiration. Les malades sentent parfaitement qu'ils ont dans le gosier quelque chose qui les étouffe et s'oppose au libre accès de l'air. C'est surtout l'inspiration qui est laborieuse et exige les plus grands efforts. Elle est lente, prolongée, s'accompagne d'un ronflement guttural, parfois très-prononcé, et se termine par un petit bruit sec assez semblable à un claquement de soupape. L'expiration se fait au contraire avec beaucoup moins de peine et a lieu presque naturellement. Cette différence entre l'inspiration et l'expiration est des plus remarquables et caractérise nettement la maladie qui nous occupe. Elle provient de ce que les lèvres de la glotte, gonflées de sérosité, forment comme deux soupapes qui se rapprochent l'une de l'autre lorsque l'air entre dans la poitrine, tandis qu'elles s'écartent sans peine devant l'air sortant des poumons. Ce caractère de la respiration fera toujours reconnaître facilement l'œdème de la glotte. S'il restait cependant le moindre doute sur son existence, on le dissipera aisément en examinant la glotte avec le *laryngoscope* et en constatant ainsi directement si ses lèvres sont ou ne sont pas tuméfiées.

Cependant, par suite des progrès de la maladie, l'œdème de la glotte augmentant toujours, la respiration devient de plus en plus difficile, et bientôt il survient des accès de suffocation pendant lesquels

le malade présente tous les symptômes de l'asphyxie,
la saillie des yeux, le gonflement et la lividité de la
face, le refroidissement des extrémités, la petitesse
du pouls, la somnolence, les crampes et les convulsions. Ces accès durent de cinq à quinze minutes ; ils se renouvellent plusieurs fois dans la
journée et sont produits soit par un gonflement
momentané des lèvres de la glotte, soit par des
mucosités obstruant l'entrée du larynx. Quelquefois
les malades succombent au milieu d'une crise plus
violente et plus prolongée que les autres ; le plus
souvent cependant, la mort arrive par asphyxie
lente. Épuisés par les efforts extraordinaires qu'ils
sont obligés de faire pour attirer l'air dans leur
poitrine, les malades respirent d'une manière de
plus en plus incomplète, leur sang, privé d'oxygène et chargé d'acide carbonique, devient im-
propre à la vie, et la mort arrive après une courte
agonie.

L'œdème de la glotte est une affection fort grave
et pour ainsi dire toujours funeste, alors même
qu'on la traite le mieux, la maladie, outre qu'elle
est déjà très-dangereuse par elle-même, frappant
le plus souvent des sujets condamnés pour une
autre affection. Les uns meurent au bout de deux
ou trois jours, les autres prolongent leur vie plus
longtemps, pendant trois ou quatre semaines ; quant
à ceux qui sont assez heureux pour réchapper, ils
guérissent en général très-rapidement, quelques
jours suffisant pour les mettre hors de danger.

7

APHONIE

PERTE DE LA VOIX, EXTINCTION DE LA VOIX.

L'aphonie est une perte plus ou moins complète de la voix. Il ne faut pas confondre cette affection avec la mutité. Dans l'aphonie, les malades ont conservé la faculté de parler, seulement ils ne peuvent le faire parce que la voix leur manque. Dans la mutité, la voix est au contraire intacte, et si les muets ne s'en servent pas, c'est qu'ils ne peuvent ou ne savent en faire usage. L'aphonie est une maladie assez fréquente ; il est bien peu de personnes qui, pendant le cours de leur existence, n'aient perdu la voix d'une manière plus ou moins complète, ne fût-ce que pour quelques instants, et n'aient présenté ainsi une aphonie, passagère sans doute et sans gravité aucune, mais néanmoins fort-réelle.

L'aphonie peut se produire dans des circonstances très-diverses qu'il importe de faire connaître. Tantôt le larynx est parfaitement sain, mais c'est l'air qui ne traverse plus la glotte et n'en fait plus vibrer les bords, comme après la *trachéotomie* et à la suite des tentatives de suicide où l'on s'est coupé la gorge. Dans ce cas, l'air sortant du poumon par la plaie du cou et non par le larynx, la voix se trouve complétement supprimée, mais elle reparaît aussitôt qu'on bouche l'ouverture de la trachée et qu'on fait respirer par le gosier.

D'autres fois l'air traverse bien la glotte, mais c'est en si petite quantité et avec tant de lenteur, qu'il en ébranle à peine les bords et ne produit que des sons nuls ou très-affaiblis. C'est ce qu'on observe dans toutes les maladies graves qui anéantissent les forces, et ce qui a lieu pour ainsi dire toujours quelques instants avant l'agonie, lorsque les malades, conservant encore toute leur intelligence, ne parlent plus parce qu'ils sont devenus trop faibles pour se faire entendre.

Dans une autre espèce d'aphonie, la perte de la voix est due à une altération matérielle des cordes vocales. Tantôt ces cordes sont enflammées comme dans la laryngite aiguë ou chronique ; d'autres fois elles sont recouvertes de fausses membranes comme dans le croup, ou infiltrées de sérosité comme dans l'œdème de la glotte. Dans d'autres cas elles sont ulcérées, rongées en partie ou même entièrement détruites comme dans la phthisie laryngée, ou bien encore elles sont divisées par une plaie ou comprimées par une tumeur.

Dans une aphonie d'une troisième espèce, la glotte ne présente pas d'altérations matérielles, mais elle est paralysée. Tantôt cette paralysie tout à fait passagère n'est guère qu'une simple fatigue, comme lorsqu'on s'est enroué à parler trop haut et trop longtemps. D'autres fois, elle est mieux carac-

térisée et est due à une lésion du système nerveux :
une compression, une division des nerfs du larynx,
une fracture du crâne, un ramollissement du cerveau, une apoplexie cérébrale, un empoisonnement
par l'alcool, l'opium, la belladone, le plomb et le
mercure.

Enfin une dernière cause d'aphonie, ce sont les
émotions morales qui troublent le système nerveux
plus profondément peut-être que ne le ferait une
cause matérielle : telles sont la colère, la frayeur,
les douleurs très-vives, les surprises. Il n'est personne qui, en ressentant de semblables impressions,
ne présente sinon une aphonie complète, du moins
un tremblement et un certain affaiblissement de la
voix.

Souvent l'aphonie est subite et se montre tout à
coup à la suite d'une forte émotion morale. Dans
ce cas, au moment de l'accident, les malades sentent un étranglement dans le gosier, et, malgré
tous leurs efforts, il leur devient impossible de
parler. Ordinairement cette perte de la voix ne
persiste pas bien longtemps et, au bout de quelques secondes, tout au plus de quelques minutes, la parole revient d'abord faible et tremblante, puis avec son timbre naturel. Dans certains
cas cependant, lorsque l'émotion a été très-forte, la
voix reste perdue pendant plusieurs heures, plusieurs jours et même des années entières. Quand
l'aphonie est au contraire le résultat d'une lésion

matérielle de la glotte, elle est habituellement précédée par un enrouement plus ou moins long. La
voix s'affaiblit peu à peu avant de disparaître, et
c'est après être restée dans cet état un temps variable
qu'elle finit par s'éteindre tout à fait.

Une fois établie, l'aphonie présente de grandes
différences dans son intensité. Tantôt elle est d'emblée à son maximum; les malades complétement
muets ne s'expriment qu'avec la langue et les lèvres, et on a la plus grande peine à les comprendre,
alors même qu'ils vous parlent à l'oreille. D'autres
fois, et c'est le cas le plus fréquent, la voix est
simplement basse, enrouée et faible, et peut même,
pendant quelques instants, avoir une certaine force
et sembler naturelle; mais le malade se fatigue
bien vite de parler, même tout bas, et il préfère
garder le silence, ce qui le fait paraître plus affecté qu'il n'est réellement. Enfin, dans quelques
cas très-rares, l'aphonie est intermittente, la voix
se perdant puis revenant tous les jours, et cela
exactement aux mêmes heures.

. Lorsque l'aphonie est produite par une paralysie
des cordes vocales, elle se borne à enlever la voix,
et, sauf l'ennui de ne pouvoir parler haut, elle n'a
pas de conséquences fâcheuses. Mais, quand la maladie est due à une inflammation du larynx, à une
ulcération de la glotte, à une tumeur comprimant
les cordes vocales, il n'en est plus de même. On
éprouve alors dans le gosier une gêne plus ou
moins considérable, gêne qui devient une douleur

vive lorsque la voix a été forcée. En même temps il existe habituellement une toux, ou pour mieux dire un toussotement, qui part du gosier, et que les malades font pour se débarrasser d'un corps étranger qu'ils croient avoir dans le larynx. Enfin, dans les cas de croup, d'œdème de la glotte, de laryngite suffocante, il survient des accès de suffocation et un commencement d'asphyxie ; mais, dans ces circonstances graves, l'aphonie n'est plus qu'un symptôme secondaire, dont la seule importance est de faire connaître l'existence d'une autre maladie plus dangereuse.

La durée de l'aphonie est très-diverse et varie de quelques secondes à plusieurs années. En général, lorsque la maladie succède à des émotions morales, elle guérit bien plus vite que lorsqu'elle est causée par une lésion matérielle. Cependant l'aphonie nerveuse peut elle-même durer fort longtemps, et, si le plus souvent elle se dissipe spontanément au bout de quelques minutes ou de quelques heures, on l'a vue parfois se prolonger des années, en dépit des traitements les mieux suivis et les plus variés.

MALADIES

DE LA TRACHÉE

La trachée est un gros tube cartilagineux qui fait suite au larynx et conduit l'air dans l'intérieur de la poitrine. Ses maladies les plus importantes sont au nombre de trois seulement : la **trachéite aiguë**, la **trachéite pseudo-membraneuse** et la **trachéite ulcéreuse**.

Il est rare que ces diverses trachéites existent seules, mais le plus souvent elles compliquent une autre affection du larynx ou des bronches, affection plus grave qui attire sur elle toute l'attention du médecin.

TRACHÉITE AIGUE

RHUME.

La trachéite aiguë est l'inflammation aiguë de la muqueuse de la trachée. C'est une maladie très-rare à l'état isolé, mais au contraire très-fréquente comme complication de la laryngite et de la bronchite aiguës. Elle est produite par un refroidissement extérieur du cou, par la respiration d'un air froid et humide, ou enfin par ces deux causes réunies.

La trachéite s'annonce par de petits picotements siégeant dans le bas du cou et derrière la partie supérieure du sternum. Au bout de quelques heures, ces picotements font place à un sentiment de gêne, de tension, ou même de véritable douleur, et ne tardent pas à provoquer la toux. Cette toux n'est jamais ni bien fréquente ni bien pénible. Elle est sèche pour commencer, mais bientôt elle devient plus humide et donne lieu à une expectoration de crachats d'abord filants et transparents, puis opaques et d'un blanc jaunâtre ou verdâtre.

La trachéite se prolonge pendant trois ou quatre ours, au bout desquels elle guérit spontanément sans donner lieu à d'autres symptômes. Quelquefois cependant elle s'accompagne d'un enrouement de la voix et d'un sentiment d'oppression dans la poitrine, mais c'est qu'alors l'inflammation s'est propagée dans le larynx et dans les bronches, et que la trachéite se trouve compliquée d'une bronchite ou d'une laryngite.

TRACHÉITE PSEUDO-MEMBRANEUSE

La trachéite pseudo-membraneuse est l'inflammation pseudo-membraneuse de la muqueuse de la trachée. Cette maladie est une complication habituelle du croup, dont elle aggrave singulièrement les dangers. En effet, les fausses membranes qui tapissent la trachée ont toujours une grande étendue et se détachent par larges lambeaux. Or, ces lambeaux diphthéritiques, en s'enroulant sur eux-mêmes et en s'imprégnant de mucosités, forment des espèces de bouchons fibrineux qui pénètrent dans le larynx, s'arrêtent dans la glotte et s'opposent d'une manière plus ou moins complète à l'entrée de l'air dans les poumons. Il en résulte des accès de suffocation et un commencement d'asphyxie qui ne cessent que lorsque les fausses membranes sont expulsées au dehors ou qu'elles retombent dans la trachée. Parfois même les enfants meurent au milieu d'un accès, étouffés par un de ces paquets pseudo-membraneux qui a bouché hermétiquement l'ouverture du larynx et a arrêté la respiration. Aussi la plupart des morts subites observées dans le croup sont-elles dues à la maladie qui nous occupe.

Comme le croup et l'angine maligne, la trachéite pseudo-membraneuse est produite par la contagion. Ce sont les principes diphthéritiques, qui en pénétrant dans la trachée, enflamment sa muqueuse et provoquent, là où ils ont agi, le développement d'une fausse membrane.

La trachéite pseudo-membraneuse n'a pas de symptômes propres qui puissent la faire reconnaître à ses débuts d'une manière certaine, et l'on devra se borner à soupçonner son existence dans tous les cas de croup et d'angine couenneuse. Ce soupçon se changera en certitude lorsque les malades auront des accès de suffocation et surtout lorsqu'ils rendront de grands lambeaux pseudo-membraneux rappelant, par leur forme et leur étendue, les dimensions de la trachée.

La trachéite pseudo-membraneuse a toujours une courte durée. Après s'être renouvelées une ou deux fois, les fausses membranes cessent de se reproduire et sont remplacées par des mucosités filantes, qui elles-mêmes ne tardent pas à disparaître au bout de huit ou dix jours, et la trachéite se trouve guérie. Malheureusement cette guérison est bien rare, et presque tous les malades périssent étouffés dans un accès de suffocation, ou emportés par une pneumonie.

TRACHÉITE ULCÉREUSE

PHTHISIE TRACHÉALE.

La trachéite ulcéreuse est l'inflammation ulcéreuse de la muqueuse de la trachée. Cette maladie, très-rare à l'état simple, est au contraire très-fréquente comme complication de la phthisie pulmonaire et de la phthisie laryngée. Elle est constituée par des ulcérations généralement assez petites, mais parfois si nombreuses, que la trachée en est comme criblée et ne forme plus qu'une plaie. Le plus souvent, ces ulcérations sont assez superficielles et entament à peine la muqueuse; dans certains cas cependant, elles sont plus profondes et arrivent jusqu'aux cartilages de la trachée. Ceux-ci peuvent même être atteints par le mal et se mortifier en produisant des fistules du cou et des abcès froids de la poitrine.

Chose remarquable, ces ulcérations de la trachée, alors même qu'elles sont nombreuses et profondes, ne donnent lieu à aucune douleur, et c'est tout au plus si les malades se plaignent d'éprouver un peu de gêne dans le cou et derrière le sternum. Il est donc fort difficile de reconnaître sur le vivant, et d'une manière certaine, l'existence de la trachéite ulcéreuse. Cette absence de symptômes distinctifs n'a pas, du reste, grand inconvénient, les ulcérations de la trachée ayant rarement besoin d'un traitement spécial, non qu'elles manquent d'importance, loin de là; mais c'est qu'elles sont toujours compliquées par les phthisies pulmonaire et laryngée, maladies très-graves qui détournent à bon droit sur elles toutes les plaintes du malade et tous les efforts du médecin.

MALADIES

DES BRONCHES

Les bronches sont deux tubes cartilagineux qui font suite à la trachée et pénètrent dans chacun des poumons. Là, elles se ramifient, se divisent et se subdivisent jusqu'à quinze fois de suite, et finissent par arriver dans les vésicules pulmonaires où elles se terminent.

Par leur ensemble, les bronches forment une vaste surface muqueuse qui ne peut pas être enflammée sur quelque étendue sans provoquer une violente irritation de la poitrine et une abondante expectoration de crachats. D'un autre côté, les dernières ramifications bronchiques étant d'une extrême étroitesse, rien n'est fréquent comme de les voir obstruées par le mucus visqueux qu'elles produisent. Il en résulte alors une grande gêne de la respiration qui se traduit par des accès de suffocation et n'amène que trop souvent l'asphyxie et la mort.

Les maladies les plus importantes des bronches sont au nombre de sept : la **bronchite légère**, la **bronchite intense**, la **bronchite capillaire**, la **bronchite pseudo - membraneuse**, la **bronchite chronique**, la **coqueluche** et **l'asthme nerveux**.

BRONCHITE LÉGÈRE

RHUME, IRRITATION DE POITRINE.

La bronchite légère est une inflammation légère de la muqueuse des grosses bronches. C'est une maladie extrêmement commune et, sans contredit, la plus fréquente de toutes. Il n'est personne qui n'en soit atteint plusieurs fois par année, et souvent elle sévit sous la forme épidémique, affectant en même temps un très-grand nombre d'individus.

La bronchite légère est pour ainsi dire produite par une cause unique, le froid. Au premier abord, il semblerait que l'air froid qu'on respire devrait agir sur la muqueuse des fosses nasales, de la gorge, du larynx et de la trachée, plutôt que sur celle des bronches. Celles-ci, en effet, étant plus profondément situées, ne reçoivent qu'un air déjà réchauffé par son contact avec les voies respiratoires et, par conséquent, semblent moins exposées à se refroidir. Cependant l'expérience ne confirme pas ce raisonnement, et il est certain que le froid produit bien plus de bronchites qu'il ne cause de coryzas, d'amygdalites et de laryngites. Ce facile refroidissement de la muqueuse bronchique est du reste aisément explicable ; il tient à la disposition même de cette

membrane qui est divisée en ramifications nombreuses et très-ténues, baignant de tous côtés dans
l'air qui remplit le poumon. Les muqueuses des
fosses nasales, de la gorge, du larynx et de la trachée reçoivent des impressions plus froides que ne
le font les bronches; mais, ces impressions, elles ne
les subissent que sur une de leurs faces, l'autre
étant en contact avec les os et les chairs qui élèvent
sa température au lieu de l'abaisser. La muqueuse
bronchique, au contraire, touche l'air par ses deux
côtés à la fois. Elle doit donc se refroidir deux fois
plus facilement que le reste des voies respiratoires,
et c'est pour cela qu'elle s'enflamme bien plus fréquemment.

L'action du froid sur les bronches est surtout
sensible par les temps de brouillard et d'humidité.
Cela vient de ce qu'un air chargé de vapeurs
aqueuses participe aux propriétés de l'eau qu'il
contient, et a une puissance de refroidissement bien
plus grande que s'il se trouvait parfaitement sec.
Mais ce qui cause la bronchite, c'est moins le froid
en lui-même que les variations subites de la température. En voici la raison. Quand on est dans un
endroit chaud, le corps se met en harmonie avec le
lieu où il se trouve et s'arrange de manière à produire moins de calorique que de coutume. Absorbant la chaleur du dehors, il ne travaille plus à se
réchauffer lui-même, et cela est fort heureux; car,
s'il en était autrement, le calorique naturel s'ajoutant à celui qu'on reçoit, on aurait rapidement trop

8

chaud. Cela posé, quand on passe brusquement du
chaud au froid, le corps ayant perdu l'habitude de
se réchauffer lui-même et étant privé tout à coup
de la chaleur du dehors qui suppléait à la sienne,
le corps, dis-je, se trouve momentanément désarmé
contre le froid. Il se refroidit donc aussitôt, sinon
dans sa totalité, du moins dans ses parties les plus
exposées à l'air extérieur, les bronches, et l'on contracte un rhume. Quand au contraire le corps subit
le froid d'une manière plus continue, il réagit avec
force et produit assez de chaleur pour se maintenir
à sa température normale. Dans ce cas on ne s'enrhume guère, car ce qui rend malade, ce n'est pas
d'être soumis au froid, c'est de se refroidir. L'exposition habituelle au froid non suivie de refroidissement, loin d'être nuisible à la santé, lui est au contraire très-favorable. Elle ne cause aucune maladie,
augmente les forces et prolonge notablement la
durée de la vie. Aussi est-il d'observation que les
régions où la santé publique est la meilleure et la
vie humaine la plus longue, ne sont nullement les
pays chauds, mais bien les climats tempérés ou
même un peu froids, comme ceux de l'Europe
centrale.

Cette influence des variations de la température
sur la production des bronchites nous explique
pourquoi l'on s'enrhume d'ordinaire à l'automne
et surtout au printemps, où, comme on sait, le
temps est des plus variable et de plus très-humide.
Du reste cette humidité est elle-même une consé-

quence des variations de la température, un air
chaud et sec devenant humide dès qu'il se refroidit,
parce que, malgré sa sécheresse, il contient toujours une certaine quantité de vapeur d'eau que le
moindre froid condense en brouillard. Les grands
vents qui soufflent à l'automne et surtout au printemps sont aussi une cause active de rhume, car
ils renouvellent plus fréquemment l'air que l'on
respire et amènent ainsi facilement le refroidissement des bronches.

Si les rhumes sont incontestablement plus fréquents pendant l'automne et le printemps, ils ne
sont pas non plus très-rares en hiver, alors que la
température est cependant constamment froide et
subit peu de variations. Mais les bronchites qu'on
contracte ainsi viennent de ce qu'on se tient en
cette saison dans des appartements chauds que l'on
ne peut quitter sans se refroidir aussitôt. C'est la
même raison qui rend si fertile en rhumes la sortie
des bals et des théâtres, puisqu'on passe alors brusquement d'une température très-élevée à une très-
basse. Enfin, pendant les plus grandes chaleurs de
l'été, il n'est pas très-rare de s'enrhumer encore,
lorsque par exemple ayant très-chaud on reste immobile à l'ombre, qu'on descend dans une cave,
qu'on prend un bain froid ou qu'on boit une grande
quantité d'eau glacée.

Naturellement le froid extérieur enrhume d'autant plus facilement qu'on se protège moins bien
contre lui. C'est ainsi qu'on contracte souvent une

bronchite lorsqu'on n'est pas assez chaudement vêtu, qu'on a pris trop tôt ses effets d'été et trop tard ceux d'hiver, ou qu'on est resté longtemps immobile avec ses habits mouillés de pluie ou trempés de sueur, l'évaporation rapide dont les vêtements sont alors le siége refroidissant le corps d'une manière énergique. Enfin une cause très-fréquente de rhume c'est de dormir la tête nue, d'être mal couvert la nuit, de coucher les portes et les fenêtres ouvertes, de sommeiller le soir au coin d'un feu qu'on laisse éteindre. Du reste, dans tous ces cas, l'action du froid sur les bronches est d'autant plus efficace que le sang et le corps tout entier sont eux-mêmes moins chauds. C'est pour cela qu'on s'enrhume si souvent pour avoir eu froid aux pieds, non que ce froid aux pieds cause directement la bronchite, mais c'est qu'il est le commencement d'un refroidissement général du corps.

Le froid est, a-t-on dit, la cause la plus fréquente du rhume; cependant il n'est pas la seule. Ainsi les temps orageux enflamment parfois les bronches, soit parce qu'ils chargent l'air d'ozone et le rendent ainsi plus irritant, soit plus simplement parce qu'ils amènent d'ordinaire un certain abaissement de la température. Enfin le rhume peut être produit encore d'une manière tout accidentelle par la respiration de vapeurs ou de poussières irritantes, par la fumée du feu, celle du tabac, les vapeurs de soufre, de chlore, d'iode et d'acide nitreux.

La bronchite légère sévit avec plus de fréquence

pendant la jeunesse et la vieillesse que dans l'âge moyen de la vie. Cela tient sans doute à ce que les enfants et les vieillards se refroidissent bien plus facilement que les adultes. Peut-être aussi les rhumes si nombreux des enfants viennent-ils de ce que ceux-ci ne prennent absolument aucune précaution contre le froid, restant des journées entières avec les pieds gelés, et cela sans se plaindre tant ils en souffrent peu.

Enfin les convalescents et les personnes atteintes de maladies chroniques s'enrhument aussi très-facilement sans sortir de leur chambre ni même de leur lit. C'est que les convalescents et les malades, à cause même de leur faiblesse, ont une chaleur propre très-médiocre ; aussi le moindre courant d'air suffit-il pour refroidir leurs bronches et leur faire contracter un rhume.

Beaucoup de personnes ont, comme on dit, la poitrine faible et s'enrhument aux moindres froids ou même sans cause visible. Cela provient de ce que les sujets en question ont les vaisseaux de la muqueuse bronchique très-faciles à paralyser. Souvent cette faiblesse des bronches est héréditaire. D'autres fois cependant elle est acquise; elle vient de ce qu'étant jeune on a été fréquemment exposé au froid et qu'on a pris ainsi de nombreuses bronchites qui, tout en guérissant, ont laissé après elles une propension à s'enrhumer. Les maladies qui attaquent la poitrine : la rougeole, la coqueluche, la pneumonie, le croup, la fièvre typhoïde, produisent également le même effet. Enfin très-souvent la facilité avec laquelle on contracte des rhumes est la conséquence de mauvaises conditions hygiéniques telles que les excès de veille, de plaisir ou de travail, l'abus des boissons alcooliques, une nourriture malsaine ou insuffisante, l'absorption des substances nuisibles données à titre de médicaments, et enfin l'accablement profond qui accompagne les revers de fortune et les affections morales tristes.

Les symptômes de la bronchite légère se réduisent à bien peu de chose. Le rhume s'annonce par une irritation sourde siégeant au milieu de la poitrine derrière le sternum. Bientôt cette irritation provoque une toux irrésistible, en même temps qu'elle gêne un peu la respiration et cause une certaine oppression. D'abord la toux de la bronchite est sèche. Mais, après douze ou vingt-quatre heures, elle devient plus humide et amène l'expectoration d'une petite quantité de sérosité filante et salée, exactement semblable à celle qui coule du nez dans le coryza. Bientôt cette sérosité est remplacée par de petits crachats nacrés et grisâtres qui sont rendus avec peine, puis la toux se montre plus facile, moins impérieuse et moins déchirante; la poitrine se dégage; les crachats, changeant encore de caractère, deviennent larges, épais, opaques, blanchâtres, verdâtres ou jaunâtres; ils se détachent sans aucun effort de la muqueuse bronchique, puis au bout de trois ou quatre jours, ils cessent de se produire, la toux s'arrête et le rhume se trouve terminé.

Pendant toute sa durée, le rhume ne présente pas d'autres symptômes que cette toux et ces crachats, et les malades, conservant tout leur appétit, continuent à vaquer à leurs occupations ordinaires. Notons cependant que la marche, l'exercice de la parole, les émotions morales augmentent la toux, la rendent plus fréquente et plus pénible, et même lui donnent la forme quinteuse. N'oublions pas aussi que quelquefois on éprouve le soir du malaise et de la sensibilité au froid, symptômes qui annoncent une tendance à la fièvre, et en sont pour ainsi dire le commencement.

La bronchite légère a d'habitude une courte durée et disparaît toute seule au bout de trois ou quatre jours. Mais, quand on s'expose continuellement au froid, elle peut se prolonger plusieurs semaines ou même passer à l'état chronique en devenant le début d'un catarrhe.

BRONCHITE INTENSE

CATARRHE PULMONAIRE, CATARRHE AIGU, GRIPPE.

La bronchite intense est une inflammation aiguë de la muqueuse des bronches grosses et moyennes. Cette maladie, bien moins fréquente que le rhume, est encore très-commune, surtout à certaines époques, où elle prend pour ainsi dire la forme épidémique.

La bronchite intense se produit d'ordinaire lorsque l'air frais qu'on a respiré n'a pu se réchauffer dans la trachée et les grosses bronches, et qu'il est arrivé encore froid jusque dans les bronches moyennes. Celles-ci s'enflamment alors, et comme leur muqueuse présente une grande étendue, la maladie produite se montre beaucoup plus violente que dans le cas d'un simple rhume. Parfois il suffit pour contracter une bronchite intense, de respirer un air très-froid. Mais, le plus souvent, il faut en outre que le sang et le corps tout entier soient eux-mêmes un peu refroidis et rendent ainsi plus facile le baissement de la température du poumon. Aussi ne contracte-t-on guère la bronchite intense que lorsqu'on a été soumis longtemps à une température très-basse, qu'on est resté avec ses vêtements mouillés, exposé au vent ou à la pluie, qu'on a eu froid aux pieds, etc.

D'autres fois, l'inflammation des bronches est due à l'absorption d'un principe nuisible qui, en même temps qu'il enflamme la muqueuse bronchique, intéresse également les autres organes et produit une maladie générale. Telles sont les bronchites qui compliquent d'une manière constante la rougeole, la coqueluche et la fièvre typhoïde, et celles qui se montrent, moins régulièrement il est vrai, dans la scarlatine et la variole.

La bronchite intense s'annonce par une douleur fixe au milieu de la poitrine. Cette douleur, d'abord très-légère, devient, au bout de quelques heures, plus pénible et plus étendue. Elle gagne les deux côtés, se fait sentir dans le dos, entre les épaules, remonte dans le cou et arrive jusqu'au larynx, où elle produit un picotement provoquant la toux d'une manière irrésistible. Cette toux a lieu par quintes, c'est-à-dire qu'elle se compose d'une seule inspiration, suivie rapidement de cinq ou six expirations. Elle augmente considérablement la douleur de la poitrine; aussi les malades se retiennent-ils de tousser tant qu'ils peuvent et y réussissent un certain temps; mais, l'irritation de la poitrine devenant de plus en plus insupportable, la toux éclate enfin, d'autant plus déchirante qu'on l'a réprimée plus longtemps. C'est alors qu'on voit arriver ces quintes terribles qui durent plusieurs

minutes, font monter le sang à la tête et venir les
larmes aux yeux. Les accès de toux se montrent
plus ou moins fréquents pendant toute la journée,
mais ils sont toujours plus forts le matin et surtout
le soir ; la nuit, ils se calment un peu, bien qu'ils
troublent néanmoins le sommeil et fatiguent beaucoup les malades. Enfin, chez les enfants tout
jeunes, ils sont parfois si violents qu'ils font vomir
les aliments et les boissons, et, si l'estomac est vide,
de la bile. Dans l'intervalle des quintes, la respiration est notablement gênée; les malades soulèvent leurs côtes avec effort; il leur semble que l'air
pénètre difficilement dans le poumon, et, quand il
existe en même temps un coryza ou une angine, ils
éprouvent une véritable oppression qui peut faire
croire à une maladie plus grave.

A son début, la toux de la bronchite est complétement sèche, et c'est en vain que le malade s'exté-
nue pour expectorer des crachats qui ne sont pas
encore formés. Mais bientôt, au bout de vingt-quatre
ou trente-six heures, la toux se montre plus humide et l'on commence à rendre un liquide filant
et limpide où nagent çà et là quelques crachats
grisâtres. Au bout de trois à quatre jours, le rhume
mûrit ou *pourrit*, pour se servir d'une expression
vulgaire, et l'expectoration, devenue plus copieuse
et plus facile, change de nature. On rend alors des
crachats épais, opaques, jaunâtres ou verdâtres,
d'une saveur fade et salée, expectorés seuls ou au
contraire mélangés à un liquide spumeux et vis-

queux semblable à de la salive battue. En même
temps que les crachats sont plus épais et plus abondants, et se détachent avec plus de facilité, la respiration devient plus aisée, la toux plus rare, moins
douloureuse et moins quinteuse, enfin la douleur
de la poitrine s'émousse et disparaît ; mais souvent
c'est pour être remplacée par une autre douleur située en bas des côtes, et d'autant plus prononcée
que les quintes de toux ont été plus violentes et plus
répétées.

En auscultant la poitrine pendant le cours de la
bronchite, on entend des bruits particuliers qui
non-seulement font reconnaître la présence de la
maladie, mais permettent de dire si l'inflammation
est à son début ou à sa fin, et si elle occupe une
partie ou la totalité des bronches. Pendant les premiers jours de la toux, les bruits existant dans la
poitrine ont un timbre sec et sonore et sont évidemment produits par les vibrations de l'humeur
visqueuse et tenace qui obstrue les ramifications
bronchiques et y gêne le passage de l'air. Ces *râles
secs*, c'est le nom donné à ces bruits respiratoires, présentent un caractère différent, suivant
leur siége. Dans les grosses bronches ils sont graves
et ronflants, et rappellent le roucoulement d'une
tourterelle ou le ronflement d'un homme qui dort
bruyamment. Dans les bronches plus petites, ils
sont au contraire sibilants et ressemblent à un sifflement plus ou moins aigu ou à un gazouillement
d'oiseau. Tous ces *râles sibilants* ou *ronflants* s'en-

tendent également pendant l'inspiration et l'expiration, et, quand ils manquent, il suffit de faire tousser le malade pour les voir apparaître en foule.

Cependant, aussitôt que la toux prend de l'humidité et que l'expectoration des crachats commence, les *râles* entendus dans la poitrine changent de caractère. Ils perdent leur timbre sec et deviennent humides, en donnant à l'oreille la sensation d'une crépitation semblable à celle qu'on obtient en faisant mousser de l'eau de savon. Ces *râles humides* sont d'autant plus fins que les bulles qui les produisent par leur éclatement sont elles-mêmes plus petites. De même que le *râle sec*, ils présentent deux variétés, suivant le siége qu'ils occupent. Dans les grosses bronches, ils sont composés par des bulles volumineuses et forment une sorte de gargouillement qu'on a appelé *râle muqueux*. Dans les petites bronches ils sont plus fins, étant causés par la rupture de bulles plus petites, et on leur donne alors le nom de *râle sous-crépitant*. Le *râle humide* se manifeste de préférence pendant les grandes inspirations, lorsque l'air attiré avec force dans la poitrine traverse les mucosités accumulées dans les bronches et les fait mousser. Souvent aussi il se déplace avec les matières qui le produisent, et on le voit disparaître des bronches vides de crachats pour se montrer dans les parties du poumon où le mucus s'est accumulé de nouveau.

Suivant qu'elle est plus ou moins intense et plus

ou moins étendue, la bronchite donne lieu à un mouvement fébrile plus ou moins fort. Dans sa forme la plus légère, il y a au début un peu de sensibilité au froid, puis les malades en se couchant ont un frisson, ils claquent des dents et toute la nuit ils dorment mal, se plaignant de la soif et cherchant les endroits frais dans leur lit. Cette fièvre se termine le matin par une transpiration abondante, par des urines blanches et chargées, ou enfin par l'apparition d'un bouton sur la lèvre, et les malades, quoique un peu abattus, se lèvent gais et contents, et se sentent débarrassés de leur mal.

Lorsque la bronchite est plus intense, qu'on ne la soigne pas et qu'on continue à s'exposer à la fatigue et au froid, la fièvre se reproduit plusieurs nuits de suite, mais elle cesse dans la journée, et les malades, quoique très-fatigués, peuvent encore se lever chaque jour. Enfin, dans les cas de bronchite très-violente, le mouvement fébrile se montre dès le début et dure sans interruption trois ou quatre jours, pendant lesquels on est contraint de se mettre au lit.

En même temps qu'ils ont la fièvre, les malades atteints de bronchite intense présentent dans les voies digestives des troubles plus ou moins prononcés. L'appétit est diminué ou même complétement disparu, la langue blanche, large, pâteuse, la bouche sèche et amère, le ventre constipé ou au contraire relâché; les urines rares, colorées, odorantes, laissent dans le vase un dépôt rouge

abondant; enfin, pour peu que la bronchite soit
violente, il existe une pesanteur de tête, une incapacité de travail, un abattement des forces, un
accablement général, qui fatiguent beaucoup le malade, et qui, suivant qu'ils se prolongent ou non,
font de la bronchite intense une petite maladie ou
une simple indisposition.

Ces derniers symptômes de mauvaise humeur,
d'irritation et de prostration sont surtout prononcés
lorsque la bronchite se trouve compliquée par une
autre inflammation, un coryza, une laryngite ou
une angine. Dans ce cas, la bronchite a reçu plus
particulièrement le nom de *grippe* et présente réunis les caractères du coryza, de l'angine, de la laryngite et de la bronchite. La maladie, car la *grippe*
mérite bien ce nom, débute par un mal de tête insupportable bientôt suivi d'enchifrènement, d'éter-
nuements et d'un écoulement nasal; la gorge est
rouge et un peu sensible, surtout quand on avale;
la voix est rauque ou nasonnée; la toux est enrouée, et quand elle éclate elle cause un ébranlement horriblement douloureux de la poitrine et de
la tête. Enfin il existe un mouvement fébrile généralement assez intense et assez prolongé en proportion avec la violence de l'inflammation. Mais ce
qu'il y a de caractéristique dans la *grippe*, c'est, je
le répète, le malaise profond où se trouvent jetés les
malades, malaise qui n'est aucunement en rapport
avec la bénignité du mal et qui, si l'on n'était pré-
venu, pourrait faire croire à une affection beaucoup

plus dangereuse. Ce malaise si grand de la *grippe* provient de la multiplicité des inflammations qui la constituent. Chacune de ces inflammations étant isolée, produirait à peine une indisposition, mais réunies, elles troublent tant la santé qu'il en résulte une petite maladie.

La fièvre et la prostration de la bronchite intense se prolongent rarement plus de trois ou quatre jours; elles disparaissent alors toutes deux en même temps que la toux devient plus facile et plus grasse. La fièvre cessée, l'appétit et le sommeil reparaissent, la bonne humeur et la gaîté succèdent à la maussaderie et à l'irritation du caractère, et après une durée totale de huit à quinze jours la guérison est tout à fait achevée. Dans certains cas cependant, la bronchite se prolonge pendant trois semaines ou un mois. Mais cela n'a lieu que chez les personnes imprudentes qui ne voulant pas, disent-elles, soigner un simple rhume, continuent à mener leur vie habituelle et entretiennent leur mal comme à plaisir.

Considérée en elle-même, la bronchite aiguë même très-intense est une maladie sans danger, qui se termine toujours par la guérison sans laisser après elle aucune suite fâcheuse. Mais trop souvent l'inflammation des bronches n'est que le début d'une autre affection plus grave : une pneumonie, une pleurésie, une rougeole, une coqueluche ou une fièvre typhoïde. D'autres fois, chez les individus prédisposés par l'hérédité à la phthisie pulmo-

naire, une violente bronchite aiguë sert de signal
à la maladie du poumon. Enfin chez les veillards,
la bronchite intense est fréquemment le commencement d'un catarrhe qui dure plusieurs mois ou
même persiste indéfiniment.

BRONCHITE CAPILLAIRE

CATARRHE SUFFOCANT, PÉRIPNEUMONIE, PNEUMONIE BATARDE,
ASPHYXIE PAR ÉCUME BRONCHIQUE.

La bronchite capillaire est l'inflammation aiguë des dernières bronches, celles qui se terminent dans les cellules du poumon. Ces petites bronches étant très-étroites se bouchent aisément, soit par le gonflement inflammatoire de la muqueuse qui les tapisse, soit par la stagnation d'un mucus épais et visqueux. Il en résulte un obstacle au passage de l'air qui ne peut plus pénétrer dans les cellules pulmonaires, et les malades ne tardent pas à périr par asphyxie, pour peu que l'inflammation ait envahi la plupart des ramifications bronchiques. La bronchite capillaire est une maladie assez fréquente sinon à l'état simple, du moins comme complication d'une autre affection. C'est elle notamment qui emporte un grand nombre de sujets atteints de maladies aiguës ou chroniques et y donne le premier signal de l'agonie.

La bronchite capillaire est quelquefois produite par une vapeur très-chaude qui a pénétré dans le poumon et a brûlé les bronches, comme dans les incendies et les explosions de chaudières à vapeur.

9

D'autres fois, au contraire, elle est causée par un
refroidissement intense, lorsque par exemple on a
été enseveli sous la neige, qu'on est resté plusieurs
heures dans l'eau glacée, ou plus simplement quand
on a passé la nuit dehors, couché sur la terre, pris
d'ivresse, ou sans connaissance.

Le plus souvent cependant, la bronchite capillaire est provoquée par un refroidissement très-
léger et des plus ordinaires, mais c'est qu'alors elle
frappe des individus affaiblis et résistant mal à
l'action du froid, des nouveau-nés, des vieillards
infirmes ou très-avancés en âge, des sujets débilités
par les excès ou les privations, et enfin des malades atteints d'affections plus ou moins graves.
Ce dernier cas est de beaucoup le plus fréquent
et mérite d'attirer toute notre attention. Tantôt
la bronchite capillaire vient compliquer une maladie aiguë des voies respiratoires : une pleurésie,
une pneumonie, une coqueluche, une bronchite,
un croup, une angine maligne. D'autres fois au
contraire, elle se développe dans une affection chronique des poumons : une phthisie pulmonaire
un asthme, ou une bronchite chronique. Dans
d'autres cas elle se montre pendant le cours ou
la convalescence d'une fièvre éruptive, d'une rougeole, d'une scarlatine, d'une variole, et surtout d'une fièvre typhoïde. D'autres fois enfin elle
forme le dernier accident et comme la conclu-
sion de maladies chroniques étrangères aux poumons, telles que le cancer de l'estomac et de

l'utérus, l'apoplexie cérébrale, le ramollissement de la moelle épinière et du cerveau, les affections organiques du cœur, l'albuminurie, le diabète sucré, etc. Malgré leur diversité extrême, toutes ces maladies aiguës et chroniques ont un caractère commun, c'est qu'elles affaiblissent profondément l'organisme, lui ôtent la faculté de résister au froid et permettent ainsi la production d'une inflammation générale de toutes les bronches, sous l'influence des refroidissements les plus faibles et en apparence les plus inoffensifs.

La bronchite capillaire ressemble d'abord à la bronchite ordinaire ; seulement l'oppression est plus prononcée ; la toux, plus fréquente, plus irrésistible, se prolonge en quintes interminables, non suivies de crachats. Si, averti par ces divers signes, on ausculte attentivement le poumon, on y trouve des *râles* très-nombreux et très-disséminés, ce qui indique que l'inflammation a envahi toute l'étendue des bronches. Partout dans la poitrine, en avant, en arrière, en haut, en bas, sur les côtés, il existe un mélange bruyant de *râles ronflants, sibilants* et *muqueux* qui font dans le corps un vacarme effroyable qu'on a comparé aux mugissements et aux sifflements d'une tempête. Parfois ces *râles* sont si intenses que le malade les entend lui-même et les compare aux bruits que feraient des oiseaux nombreux renfermés dans une cage. Souvent aussi on peut les percevoir avec la main appliquée sur la peau, tant sont fortes les vibrations qu'ils impriment à la poitrine tout entière.

Tant que la toux reste sèche et que les petites bronches enflammées ne sécrètent pas de mucosités, la respiration, quoique notablement gênée, reste cependant assez facile. Mais, après un ou deux jours, et dans les cas foudroyants au bout de quelques heures, les petites bronches, déjà rétrécies par le gonflement de leur muqueuse enflammée, se trouvent oblitérées par un mucus visqueux et adhérent qui remplit entièrement toute leur cavité. Si quelques bronches seulement se trouvent ainsi bouchées, le mal n'est pas bien grand, parce que l'air pénètre encore dans les parties du poumon restées perméables; mais, quand les ramifications bronchiques sont obstruées en nombre considérable, l'air ne peut plus arriver dans les cellules pulmonaires en quantité suffisante, et il y a des accès de suffocation avec imminence d'asphyxie. De temps en temps, lorsque les crachats non expectorés se sont accumulés dans les bronches, le malade sent que l'air lui manque et se met aussitôt à suffoquer. Sa respiration devient anxieuse et est entrecoupée à chaque instant par les quintes redoublées d'une toux bruyante et interminable. Tourmenté par le besoin de respirer, il ouvre largement les narines et la bouche, dilate sa poitrine avec l'énergie du désespoir, et rassemble toutes les forces de son être pour faire pénétrer un peu d'air dans ses poumons. Les yeux rouges, saillants à fleur de tête, le regard atone et noyé, la parole brève et saccadée, les veines du cou et du front gonflées et tendues comme des cordes, la face cramoisie, les lèvres bleues, les malades étouffent de plus en plus, jusqu'à ce qu'une quinte plus violente et plus désespérée débarrasse une ou deux bronches du mucus qui les remplit et permette le rétablissement de la respiration. Les mucosités rendues sont visqueuses, filantes, mousseuses, d'une couleur jaunâtre, et parfois teintées en rose par quelques filets de sang. Aussitôt après leur expectoration, la respiration devient plus calme pendant quelques instants, pour s'embarrasser de nouveau et présenter des accès encore plus violents, dès que les bronches, un instant désobstruées, se sont remplies de mucus.

Pendant un ou deux jours les malades luttent avec succès contre l'asphyxie qui menace de les faire périr à chaque accès de suffocation. Mais bientôt, les mucosités du poumon devenant de plus en plus visqueuses et de plus en plus abondantes, les forces s'épuisent dans cette lutte inégale avec la mort. La toux faiblit ; l'expectoration se montre plus difficile et plus incomplète ; la suffocation devient continuelle ; les malades cherchent en vain une position où ils puissent respirer librement ; ils se plient en deux, se couchent à plat ventre, penchent la tête en arrière ou la laissent pendre en bas, sans pouvoir réussir à diminuer leur suffocation. Malgré tous leurs efforts, l'asphyxie fait des progrès lents et continus. La figure prend une teinte de plus en plus livide; le cerveau, ne recevant plus qu'un sang privé d'oxygène, cesse de remplir ses fonctions; le malade, devenu indifférent à son sort, répond à peine quand on lui parle et tombe dans une somnolence interrompue de temps en temps par quelques rêvasseries et un peu de délire. La respiration, s'embarrassant de plus en plus, devient râlante; le pouls précipité et filiforme cesse d'être perceptible, les extrémités se refroidissent, et enfin la vie s'éteint doucement, sans souffrance et sans convulsions.

Cependant tous les malades affectés de bronchite capillaire ne sont pas condamnés à périr. Quelques-uns, mais quelques-uns seulement, plus vigoureux, mieux soignés ou moins profondément atteints, réussissent à désobstruer leurs bronches et à sauver leur vie. Après un accès plus violent que les autres, la suffocation diminue peu à peu, au milieu d'alternatives de mieux et de pire. Les symptômes d'asphyxie disparaissent, la respiration devient moins anxieuse; la toux, plus facile, est suivie d'une abondante expectoration de mucosités filantes et visqueuses. Les *râles* qu'on entendait dans la poitrine se montrent moins bruyants et moins nombreux; ils perdent leur caractère sibilant et ronflant pour devenir humides et muqueux. Bientôt enfin, par suite de la guérison des petites bronches, l'air pénètre avec une entière liberté dans les poumons, et la maladie se trouve réduite à une bronchite ordinaire.

Cette heureuse terminaison de la bronchite capillaire est fort rare. Le plus souvent, cette affection amène la mort, et une mort rapide ; en trois ou quatre jours, tout au plus en huit jours, elle a raison des tempéraments les plus robustes, des hommes les plus forts et les mieux organisés. Souvent même elle est plus rapide encore, et quelques heures lui suffisent pour emporter ses victimes. C'est ce qui a lieu, par exemple, dans la brûlure des bronches causée par les incendies et les explosions de chaudières. C'est ce qui arrive encore pour toutes les bronchites capillaires survenant chez des individus débilités, les nouveau-nés, les vieillards, les sujets usés par les maladies, les excès ou les privations. Enfin la bronchite capillaire est encore plus prompte en son effet quand elle se montre à la fin de maladies aiguës ou chroniques déjà mortelles par elles-mêmes. Dans ce cas, elle n'apparaît pour ainsi dire que pour donner le coup de grâce aux malades et commencer leur agonie. Ceux-ci étant trop affaiblis pour pouvoir expectorer, les mucosités s'accumulent peu à peu dans les bronches. Là, elles se mélangent avec l'air en formant un *glouglou* sinistre, produisant ainsi une écume visqueuse qui remplit bientôt toute la poitrine et étouffe le malade, exactement comme s'il était submergé dans un liquide.

BRONCHITE PSEUDO-MEMBRANEUSE

GROUP BRONCHIQUE, CATARRHE SUFFOCANT.

La bronchite pseudo-membraneuse est l'inflammation pseudo-membraneuse de la muqueuse des bronches. Très-rare à l'état simple, cette maladie est relativement assez fréquente comme complication du croup et de l'angine couenneuse.

La bronchite pseudo-membraneuse est produite par la respiration d'un air chargé de principes diphthéritiques. Cet air, en pénétrant dans les bronches, les enflamme; mais le plus souvent son action reste limitée aux plus grosses bronches et respecte les petites, la puissance du principe diphthéritique paraissant s'épuiser à mesure qu'il pénètre plus profondément dans le poumon.

La bronchite pseudo-membraneuse s'annonce par une douleur derrière le sternum, bientôt suivie d'une toux sèche et quinteuse, d'oppression et d'un redoublement de la fièvre. Si l'ensemble de ces symptômes apparaît chez un sujet atteint de croup ou d'angine couenneuse, on soupçonnera d'une manière à peu près certaine la propagation de l'inflammation aux bronches. Ces soupçons deviendront une certitude, lorsque le malade expectorera des

fausses membranes tubulées ou bifurquées, rappelant par leur forme et leurs dimensions la forme
et les dimensions des canaux bronchiques.

C'est habituellement au moment où elles commencent à se détacher des bronches, que les
fausses membranes donnent lieu à des accès de
suffocation, par suite de leur arrêt dans le larynx,
dont elles obstruent l'ouverture. Ces accès de suffocation peuvent amener l'asphyxie et produire immédiatement la mort; mais, ce premier danger
passé, les malades ne sont pas sauvés pour cela, et
habituellement ils périssent au bout de deux ou
trois jours, emportés par une bronchite capillaire ou
une pneumonie : c'est même, par parenthèse, de
cette façon que succombent la plupart des enfants
atteints de croup et opérés de la trachéotomie.

Cependant, quoiqu'elle soit le plus souvent mortelle, la bronchite pseudo-membraneuse ne l'est
pas constamment. Dans les cas heureux, au bout
de trois ou quatre jours, les fausses membranes
cessant de se produire sont remplacées par une
secrétion muco-purulente abondante et visqueuse,
et la maladie ne tarde pas à guérir, comme le ferait
une bronchite ordinaire, seulement avec plus de
lenteur et en présentant une convalescence plus
difficile.

BRONCHITE CHRONIQUE

CATARRHE, CATARRHE PULMONAIRE CHRONIQUE, RHUME NÉGLIGÉ,
DILATATION DES BRONCHES, BRONCHORRHÉE.

La bronchite chronique est l'inflammation chronique de la muqueuse des bronches. C'est une maladie très-fréquente, surtout à la fin de la vie, où elle prend plus particulièrement le nom de catarrhe, et il est bien peu de vieillards qui ne finissent par en être atteints, pour peu que leur existence soit suffisamment prolongée.

Le plus souvent le catarrhe succède à une bronchite aiguë qu'on a mal soignée et qu'on a laissé passer à l'état chronique. D'abord on n'a qu'un rhume ordinaire qui dure plus longtemps que de coutume et qui, à peine guéri, est remplacé par un nouveau rhume. L'année suivante, on contracte au commencement de l'hiver une bronchite qui se prolonge pendant toute la mauvaise saison, avec des alternatives de mieux et de pire. Il en est de même les années suivantes ; seulement, à chacune d'elles, le rhume commence un peu plus tôt, finit un peu plus tard et présente moins de rémissions passagères. Cet état persiste en s'aggravant pendant plusieurs années, puis il arrive enfin un moment où la toux ne cesse pas, même pendant les plus beaux

jours de l'été, et le catarrhe se trouve alors constitué dans sa forme la plus chronique.

Du reste, les causes de la bronchite chronique
sont exactement celles de la bronchite aiguë. D'a-
bord c'est l'action du froid, du froid humide surtout, tel que celui auquel on s'expose en habitant
une maison malsaine, ou en exerçant sa profession
en plein air, toujours au vent et à la pluie.

D'autres fois, le catarrhe est le résultat d'une
mauvaise hygiène, de fatigues excessives, de mar-
ches forcées, surtout pour monter des escaliers;
d'excès de veille, de table ou de plaisir; d'abus des
boissons excitantes et fermentées, principalement
du vin blanc, de l'eau-de-vie et de l'absinthe.

Dans d'autres cas, le catarrhe peut être attribué
à la profession qu'exercent les malades, profession
qui les oblige à séjourner constamment au milieu
d'une atmosphère remplie de poussières irritantes.
Tels sont les états de plâtrier, chaufournier, ré-
mouleur, tailleur de silex, piqueur de grès, boulanger, pâtissier, meunier, amidonnier, fileur, cardeur
de lin, de laine ou de chanvre, pelletier, plumassier,
surtout ceux qui déballent les plumes conservées
avec du poivre. Mais la véritable cause de la bronchite chronique, celle à qui l'on doit attribuer le
plus grand nombre des catarrhes pulmonaires,
c'est l'usage de tous les médicaments employés
avec tant de profusion dans le traitement des bronchites aiguës et chroniques, tels que les saignées,
les sangsues, les ventouses scarifiées, les vomitifs,

les purgatifs, les vésicatoires, les potions et les pilules calmantes contenant de l'opium, de la morphine, de la codéine, de la belladone, de la jusquiame; les cigarettes de camphre, d'arsenic et de datura stramonium; les pastilles de kermès, d'ipéca et de soufre; les granules d'émétine et de digitaline, et enfin les pâtes et les sirops pectoraux faits avec de l'opium, de la belladone ou du lactucarium.

Toutes ces préparations administrées dans la bronchite aiguë ou chronique produisent immédiatement un certain soulagement. Elles calment la douleur de la poitrine, rendent la toux moins pénible et moins quinteuse, facilitent l'expectoration en provoquant la sortie de crachats plus abondants et plus humides; enfin elles procurent du sommeil quand on souffrait de l'insomnie et dissipent au moins en partie le malaise et la tendance à la fièvre que cause toute bronchite aiguë un peu intense.

Je suis bien loin de contester ces bons effets obtenus dans le traitement ordinaire de la bronchite, ce serait nier l'évidence; mais, à mon avis, c'est précisément ce soulagement causé par les médicaments qui transforme la bronchite aiguë en bronchite chronique et rend cette dernière de plus en plus incurable, ou, pour mieux dire, c'est le passage de l'état aigu à l'état chronique qui produit tout le soulagement. Cette proposition se comprendra facilement si l'on veut bien réfléchir à la différence existant entre les maladies aiguës et les

chroniques, et à l'effet que les unes et les autres
exercent sur l'économie. Les maladies aiguës sont
des accidents subits qui viennent tout d'un coup
déranger brutalement la santé, en causant un
trouble momentané, il est vrai, mais profond. Elles
produisent des douleurs vives, ôtent l'appétit,
brisent les forces, allument la fièvre, et, si elles
n'obligent pas toujours à garder le lit, elles amènent
constamment un certain malaise, même quand
elles sont des plus légères. Les maladies chroniques, au contraire, sont pour ainsi dire des infir-
mités dont on souffre sans doute beaucoup et qui
altèrent la santé, mais avec lesquelles on peut vivre
parce que le corps finit par s'habituer à son mal.

Cela posé, quand, dans une bronchite aiguë ou
une bronchite chronique commençante, on administre des remèdes, on fait passer l'inflammation
des bronches de l'état aigu à l'état chronique, et
de l'état chronique simple à l'état d'infirmité. En
effet, tous ces remèdes sont des poisons à petites
doses; ils augmentent la paralysie des vaisseaux
de la muqueuse pulmonaire; ils rendent cette paralysie plus complète, plus persistante, plus difficile à guérir et plus facile à se reproduire sous
l'influence des causes les plus légères. D'une inflammation qui n'était qu'un accident, ils font une
habitude, et c'est précisément cette transformation
de la maladie qui produit un soulagement et un
mieux très-réels; car en médecine, plus encore
qu'ailleurs, l'habitude est une seconde nature, et

on souffre toujours de moins en moins d'un même mal, à mesure qu'on s'y accoutume davantage. On dit souvent que les catarrhes proviennent d'un rhume négligé, et c'est avec raison, si la négligence qu'on accuse consiste dans l'oubli de toutes les précautions hygiéniques indispensables au maintien d'une bonne santé. Mais, si par rhume négligé on entend celui pour lequel on n'a pris aucun médicament, on aurait bien tort de regretter son insouciance, car l'expérience de tous les jours montre que les bronchites qui passent le plus rapidement à l'état chronique sont précisément celles qui ont été le plus soignées et pour qui on a eu recours avec le plus de suite à la multitude des médicaments recommandés contre le rhume.

La bronchite chronique peut se produire à tous les âges; cependant elle est beaucoup plus commune à la fin de la vie et commence à se montrer à quarante-cinq ou cinquante ans, pour devenir de plus en plus fréquente à mesure qu'on vieillit davantage. Comment en serait-il autrement, puisque chaque jour les refroidissements qu'on subit, les poussières irritantes qu'on respire, les excès qu'on commet, les médicaments qu'on absorbe, augmentent la paralysie des vaisseaux des bronches, et rendent cette paralysie plus incurable. Cependant, il n'est pas très-rare de rencontrer le catarrhe chez des adultes, des jeunes gens ou même des petits enfants. Dans ce cas, la bronchite chronique est toujours due à une prédisposition morbide. Tantôt

la faiblesse de la poitrine est héréditaire ; elle provient des parents, père, mère, grands-pères, grand'-
mères, oncles ou tantes, qui ont été eux-mêmes
affectés de catarrhe et ont transmis cette maladie à
leurs descendants. D'autres fois, la prédisposition à
la bronchite chronique est le résultat d'une maladie
qui a fortement enflammé la muqueuse des bronches et l'a affaiblie pour le reste de la vie. C'est
ce que font par exemple la rougeole, la coqueluche,
la variole, la fièvre typhoïde et enfin la bronchite
intense, la pneumonie et la pleurésie. Dans d'autres
cas enfin, le catarrhe est provoqué par une maladie
chronique du cœur ou des poumons, une altération des valvules du cœur, un anévrysme de l'aorte,
une péricardite chronique, un asthme, un emphysème du poumon et surtout en première ligne une
phthisie pulmonaire, cette dernière maladie étant
constamment compliquée dès son début par une
bronchite chronique.

Ordinairement le catarrhe commence par un
rhume qui suit d'abord son cours ordinaire, mais
qui, arrivé à sa dernière période, ne se guérit pas
et persiste pendant plusieurs semaines ou plusieurs
mois. Du reste, ce qui caractérise le catarrhe, ce
n'est pas sa durée même, car plusieurs bronchites
aiguës, se greffant les unes sur les autres, pourraient se prolonger aussi longtemps que lui ; non,
ce qui donne à la bronchite le véritable caractère
de la chronicité, c'est l'absence de souffrance

et de réaction, c'est l'habitude qu'on prend de tousser.

Au moment où il passe à l'état chronique, le rhume perd tous les symptômes qui le rendaient pénible, les douleurs éprouvées dans la poitrine et les côtés disparaissent, la toux est plus grasse et plus humide, les crachats plus faciles et plus abondants. Cependant, pour peu qu'on s'expose au froid ou qu'on fasse quelque excès, la toux reprend bien vite son premier caractère, redevenant fatigante et quinteuse et détachant avec peine des crachats visqueux et transparents. Du reste, cette exaspération dure peu, et au bout de quelques heures, tout au plus de quelques jours, l'expectoration est redevenue aussi facile et aussi grasse qu'auparavant.

Suivant l'intensité du catarrhe, la toux varie beaucoup dans sa fréquence et le moment où elle se produit. Dans les cas les plus légers, elle a lieu seulement le matin au moment du réveil; on tousse alors deux ou trois fois, on expectore les mucosités qui chargent la poitrine, puis l'on ne crache plus du reste de la journée. Cette toux du matin provient évidemment de ce que le mucus s'est accumulé dans les bronches pendant le sommeil, et qu'il faut s'en débarrasser aussitôt qu'on est éveillé.

Quand la bronchite chronique est un peu plus prononcée, à l'accès du matin s'en joint un autre qui arrive à la fin de la journée. Cette toux du soir est provoquée par la fatigue du jour, fatigue devenue plus sensible à mesure qu'approche l'heure de se coucher.

Lorsque le catarrhe s'est accentué davantage, outre les accès du matin et du soir qui manquent rarement, on tousse encore à plusieurs reprises dans la journée, particulièrement après les repas ou quand on s'est fatigué à faire une course, à monter un escalier, à parler haut, à se mettre en colère, mais les nuits sont toujours bonnes et l'on n'est pas réveillé par la toux.

Enfin, quand le catarrhe est arrivé à son dernier degré d'intensité, on tousse continuellement toute la journée et toute la nuit, et c'est à peine si les malades peuvent dormir quelques heures d'un sommeil interrompu.

Les crachats rendus pendant le cours de la bronchite chronique présentent de grandes variétés dans leur manière d'être. Le plus souvent ils sont larges, opaques, blanchâtres, grisâtres, jaunâtres ou noirâtres, sans bulles d'air, bien arrondis sur leurs bords et semblables à une huître. En même temps que ces crachats épais, les malades expectorent souvent un liquide mousseux pareil à du blanc d'œuf ou à de la salive battue, liquide où nagent les crachats solides quand on a eu soin de les recueillir dans un vase. Dans quelques cas désignés plus particulièrement sous le nom de *bronchorrhées*, cette expectoration liquide existe seule ; elle est alors très-abondante, deux ou trois litres par jour, et quand le malade crache par

10

terre, il se trouve bientôt environné comme d'une mare.

D'autres fois, au contraire, dans les catarrhes appelés *secs*, les malades ne rendent aucun liquide et expectorent seulement de petits crachats solides et arrondis, semblables à des perles. Cette espèce de crachats s'observe particulièrement dans la bronchite chronique légère.

Les *râles* entendus dans la poitrine des catarrheux sont à peu près les mêmes que ceux de la bronchite aiguë. Seulement, grâce à l'abondance et à l'humidité de l'expectoration, les bulles formées sont plus grosses et plus nombreuses, et produisent en éclatant un vrai bruit de *gargouillement*. Ces *râles* se montrent dans toute l'étendue du poumon, mais ils sont en général plus prononcés dans le côté droit et au milieu du dos et de la poitrine.

Certaines bronchites chroniques fort curieuses s'accompagnent de bruits respiratoires très-remarquables, en ce sens qu'ils ressemblent exactement à ceux de la phthisie pulmonaire et peuvent faire croire à l'existence de cette maladie. Ces bruits trompeurs s'observent lorsque les bronches se sont dilatées et qu'elles ont produit au sein du poumon des espaces vides remplis d'air, où la voix et la respiration résonnent comme elles le feraient dans une véritable *caverne*. Tantôt cette dilatation est uniforme et occupe toutes les bronches d'un lobe pulmonaire ou même d'un poumon tout entier; d'autres fois, au contraire, elle est localisée dans un

point et constitue une sorte d'ampoule grosse
comme une noisette ou comme une noix, dans laquelle viennent s'ouvrir les petites bronches. Enfin,
chez certains sujets, plusieurs dilatations successives se rencontrent sur le parcours d'une même
bronche et font ressembler celle-ci à un collier ou
à un chapelet. Dans tous les cas, l'élargissement des
bronches est dû à la rétention des crachats qui sé-
journent dans la poitrine et finissent à la longue
par dilater les conduits où ils se trouvent. C'est
habituellement pendant l'enfance ou la jeunesse que
se produit cette dilatation des bronches, parce
qu'alors les tissus, croissant encore, se laissent distendre facilement, ce qui n'a pas lieu dans un âge
plus avancé.

Malgré leur toux continuelle et les crachats abondants qu'ils rendent, les malades atteints de bronchite chronique n'ont pas la respiration très-gênée.
Dans les intervalles des quintes de toux, ils peuvent vaquer à toutes leurs occupations, marcher,
monter les escaliers, courir même quelques instants
sans en être trop essoufflés. Sans doute, bien des
catarrheux ont l'haleine extrêmement courte et
marchent avec beaucoup de peine; mais l'oppression qu'ils éprouvent est due à quelque maladie compliquant la bronchite chronique, à un
asthme, une phthisie pulmonaire ou une affection
du cœur. Pourtant, dans quelques cas, le catarrhe
simple peut donner lieu à une grande oppression
et même à des accès de suffocation. C'est quand les

crachats sont très-épais et très-abondants et qu'ils
se sont accumulés en masse considérable dans les
bronches, dont ils obstruent la lumière. Il en résulte une anxiété et même un commencement d'asphyxie, qui disparaissent aussitôt que les mucosités
emplissant la poitrine ont été expectorées. Cette
oppression des catarrheux s'observe particulièrement dans les cas de dilatation des bronches, ces
dilatations formant de grandes cavités où les crachats s'amassent en quantité si considérable, que
les malades ont ensuite beaucoup de peine à s'en
débarrasser.

Sauf les accidents rares de suffocation, sauf aussi
l'ennui de tousser et de cracher continuellement,
les individus atteints de bronchite chronique jouissent en général d'une bonne santé. Ils mangent et
dorment bien, n'ont ni fièvre ni sueurs, conservent
leurs forces et leur bonne mine, et sont le plus souvent doués d'une humeur facile et d'un caractère
jovial. Aussi vivent-ils longtemps avec leur mal,
à tel point que le catarrhe a pu être considéré
comme un brevet de longévité. Du reste, les catarrheux ont bien conscience du peu de gravité de
leur maladie, et jamais ils ne s'alarment de leur état.

La bronchite chronique présente de grandes variétés dans sa marche. Le plus souvent, les malades ne souffrent pas pendant la belle saison, et
c'est tout au plus si alors ils crachent un peu tous
les matins. Mais, à l'automne et au printemps, ils
contractent habituellement une bronchite intense

qui les fatigue beaucoup et a grand'peine à se dissiper. Quelquefois, à force de prudence et de soins,
ils réussissent à passer·deux ou trois hivers sans
être malades ; mais, au premier refroidissement
qu'ils subissent, ils ne manquent pas de prendre un
rhume violent qui dure plusieurs semaines et augmente singulièrement leur catarrhe.

Une fois établie, la bronchite chronique, si elle
n'est pas bien soignée, peut persister indéfiniment,
sans altérer, il est vrai, la santé, mais en faisant
tous les ans de nouveaux progrès. A chaque hiver,
l'expectoration devient plus abondante, la toux plus
continuelle; les rechutes de plus en plus difficiles à
éviter se produisent même pendant la belle saison,
et, pour peu que la vie se prolonge suffisamment,
le catarrhe finit par devenir permanent.

Bien que la bronchite chronique n'affecte pas un
organe essentiel à la vie et que, partant, elle ne
mette pas les jours en danger, elle est cependant assez fâcheuse surtout chez les vieillards
très-âgés dont elle hâte notablement la mort. D'a-
bord, l'abondante expectoration qui l'accompagne
ne laisse pas d'affaiblir les malades qui sont obligés
de fournir cette masse de crachats au détriment de
leur propre sang. Mais le catarrhe offre un autre
danger bien plus grand, c'est lorsqu'il complique
quelque autre maladie, parce qu'alors il en accélère toujours la terminaison fatale. Sans doute, il
n'est pas rare de voir des vieillards, d'ailleurs bien
portants, atteindre les limites de l'extrême vieillesse

malgré le catarrhe dont ils souffrent. Mais c'est une grave erreur de croire que cette longévité soit le résultat de la bronchite chronique qui, par son expectoration, aurait débarrassé le corps de ses humeurs nuisibles. Loin de là, même chez ces sujets si vivaces, la bronchite chronique est fâcheuse, et l'on peut affirmer qu'ils eussent vécu plus longtemps encore et fussent devenus centenaires s'ils n'eussent pas été atteints de leur catarrhe.

COQUELUCHE

TOUX CONVULSIVE, TOUX BLEUE.

La coqueluche est une inflammation de la muqueuse pulmonaire à laquelle vient s'ajouter une paralysie des bronches. En effet, les bronches ne sont pas des canaux inertes, mais elles sont tapissées, principalement dans leurs dernières ramifications, par des fibres musculaires très-nombreuses. En se contractant, ces fibres musculaires font progresser le mucus sécrété dans le poumon; elles le poussent des petites bronches dans les grosses, où il s'amasse et se rassemble en crachats qui sont ensuite aisément expulsés à l'aide d'un effort de toux. Lorsqu'au contraire les extrémités bronchiques sont paralysées, elles ne se vident plus de leurs mucosités et celles-ci s'accumulant dans la poitrine finissent par y gêner la respiration. Il en résulte aussitôt un accès de suffocation et une toux violente, et ce n'est qu'à l'aide des efforts les plus énergiques que le poumon se débarrasse du mucus qui obstrue les bronches, et redevient perméable à l'air.

La coqueluche est une maladie assez fréquente qui affecte peut-être le dixième ou le vingtième de

la population. Souvent elle sévit sous forme de petites épidémies qui frappent en même temps tous
les membres d'une famille et tous les enfants d'une
localité.

La coqueluche est une maladie contagieuse. Elle
paraît produite par un principe morbide semblable
à celui de la rougeole. Seulement tandis que le
miasme de la rougeole intéresse en même temps la
peau et la muqueuse respiratoire, amenant ainsi
une inflammation simultanée de ces deux membranes, le principe morbide de la coqueluche se
borne à paralyser les bronches et ne produit aucun
effet sur la peau.

Cette action différente des miasmes de la rougeole
et de la coqueluche paraît venir de ce que le premier de ces principes est plus facilement absorbé.
Quand on l'a respiré, il ne se borne pas à agir sur
le poumon, mais il pénètre dans le sang et arrive
jusqu'à la peau, où il détermine une éruption. Le
miasme de la coqueluche, au contraire, semble être
absorbé plus difficilement. Introduit avec l'air dans
le poumon, il limite son influence nuisible à cet
organe ; il ne se mélange pas avec le sang, et partant ne peut pas provoquer une éruption semblable à
celle de la rougeole.

Quoi qu'il en soit de cette explication, toujours
est-il que la coqueluche a avec la rougeole la plus
étroite analogie. Comme cette maladie, elle atteint
de préférence les jeunes enfants, se montre bien
rarement chez les grandes personnes et ne se re-

produit pour ainsi dire jamais chez ccux qui l'ont eue une première fois. Ces caractères communs de la rougeole et de la coqueluche appartiennent également à d'autres maladies contagieuses, à la scarlatine, la variole et la fièvre typhoïde, et il est probable que c'est une conséquence du mécanisme même de la contagion.

La coqueluche est contagieuse à distance, et pour la contracter il suffit de respirer un air chargé de son principe miasmatique. Comme ce principe peut se propager bien loin, la coqueluche se développe fréquemment sans qu'on puisse dire où elle a été prise. Mais par contre, bien souvent aussi, la contagion est des plus évidentes, et l'on peut voir la maladie se transmettre vingt fois de suite d'un enfant à un autre et voyager avec les sujets atteints de maison en maison et de localité en localité. C'est notamment ce qui a toujours lieu dans toutes les épidémies un peu considérables.

La contagion de la coqueluche s'opère non-seulement lorsque la maladie est dans toute sa force et qu'elle s'accompagne de sa toux caractéristique, mais elle se produit peut-être avec plus de facilité encore lorsque le mal est sur son déclin, que les quintes ont cessé et que la toux ressemble à un rhume ordinaire, ou même qu'elle a complétement disparu.

Ajoutons pour terminer que la contagion de la coqueluche est évidemment favorisée par toutes les mauvaises conditions hygiéniques qui affaiblissent la constitution, telles que l'exposition habituelle au froid, le séjour prolongé dans des lieux sombres et humides, une nourriture insuffisante ou de mauvaise qualité, et enfin pour les enfants élevés dans l'aisance, l'usage des boissons excitantes et des médicaments de toute espèce.

La coqueluche se déclare habituellement cinq ou six jours après que les enfants se sont exposés à la contagion, ce temps étant nécessaire pour que le miasme absorbé par le poumon paralyse les vaisseaux et les fibres musculaires de cet organe. Du reste, pendant ces quelques jours d'*incubation* l'enfant ne présente absolument aucune altération de sa santé, et c'est encore là un caractère qui rapproche la coqueluche de la rougeole, de la scarlatine et de la variole.

Donc, cinq ou six jours après la contagion, la coqueluche se déclare. Elle ne consiste d'abord qu'en une bronchite ressemblant beaucoup à un rhume ordinaire. Cependant, si on examine soigneusement les enfants, on trouve chez eux plus d'abattement, plus de tristesse et plus d'irritabilité que ne le comporterait une bronchite simple. La toux, quoique médiocrement fréquente, est aussi plus pénible que dans le rhume. Contrairement à ce qui a toujours lieu dans la bronchite légère, elle ne devient pas plus facile et plus humide au bout de quelques jours, mais elle reste sèche et pénible et prend à la fin un caractère quinteux qui

n'est pas encore celui de la coqueluche, mais qui y
ressemble. Sans doute ces nuances sont assez déli-
cates à saisir ; mais, dans les cas d'épidémie ou de
contagion, elles suffisent souvent pour faire reconnaître la maladie bien longtemps avant qu'elle soit
mieux caractérisée.

Après avoir duré environ une quinzaine de jours,
tantôt un peu plus, tantôt un peu moins, la toux
prend enfin le caractère propre à la coqueluche,
mais cela graduellement et sans ligne de démarcation
bien tranchée, parce que la paralysie des bronches
ne se produit que lentement. Tant que cette paralysie est incomplète, les quintes sont courtes, faibles et séparées par de longs intervalles de repos,
mais elles deviennent plus violentes et plus rapprochées à mesure que les bronches se paralysent
davantage et qu'elles ont plus de peine à se vider
de leur mucus.

Les quintes de la coqueluche sont intermittentes
et séparées les unes des autres par un calme par-
fait. Elles sont produites par les mucosités filantes
et visqueuses qui s'accumulent peu à peu dans les
extrémités bronchiques paralysées. Tant que ces
mucosités laissent un passage libre à l'air, il n'y a
pas de quinte ; mais, à mesure qu'elles forment sur
la muqueuse une couche plus épaisse, elles gênent
davantage la respiration, et il arrive enfin un moment où les bronches obstruées ne laissent plus
entrer la quantité d'air indispensable à la vie.
C'est alors seulement que le malade suffoque

et tousse violemment pour débarrasser ses bronches. Parfois ces quintes de la coqueluche sont
précédées pendant quelques minutes par du malaise, de l'anxiété et un sentiment de plénitude dans
la poitrine. Le plus souvent cependant, elles surviennent d'une manière brusque et quand on s'y
attend le moins, réveillant le malade ou le sur-
prenant au milieu de ses jeux. Quoi qu'il en soit,
au moment où la quinte se produit, l'enfant s'asseoit sur son séant, s'il est au lit; s'il est levé, il
s'accroche avec les mains aux meubles et aux personnes qui l'entourent, pour donner plus de liberté
aux mouvements de sa poitrine, puis il se met à
tousser avec toute l'énergie dont il est capable.
Cette toux se compose de petites expirations très-
courtes et très-saccadées, qui se succèdent rapidement et expulsent tout l'air contenu dans les poumons, seul moyen d'en faire sortir en même temps
les mucosités obstruant les bronches. Naturellement, tout le temps que dure la toux, la respiration est impossible, et, pour peu que la quinte soit
forte et qu'elle se prolonge, il survient un commencement d'asphyxie qui a valu à la coqueluche le
nom de *toux bleue.* Pendant toute la durée de la
quinte, la face est bouffie, gorgée de sang, d'un
rose vif d'abord, puis violacée et bleuâtre; les artères battent avec force; les veines forment sous la
peau de grosses saillies noueuses; enfin les yeux
sont rougis, proéminents, pleins de larmes, et une
sueur froide perle sur le front et la poitrine. Chez

quelques sujets, les vaisseaux, distendus par le
sang, se rompent, et il se produit une hémorrhagie du
nez, des yeux, des oreilles ou du poumon ; d'autres
fois les aliments contenus dans l'estomac sont rejetés par le vomissement, ou bien il y a une évacuation involontaire des urines et des matières fé-
cales ; enfin, dans certains cas très-rares, il survient des convulsions et des syncopes et on a même
vu la mort par asphyxie arriver au milieu d'un
accès, mais cela est tout à fait exceptionnel.

Enfin, au bout d'un temps très-court en réalité,
mais qui semble toujours bien long à ceux qui observent l'asphyxie et assistent à ses progrès, la
toux cesse, le malade fait quelques petites inspirations saccadées qui n'introduisent pas d'air dans la
poitrine et sont plutôt des essais de respiration
qu'une respiration véritable, puis il se produit une
grande inspiration longue et sifflante qui dilate
largement les côtes et fait pénétrer l'air dans le
poumon. Ce sifflement aigu qui termine la quinte
de coqueluche et sert à la caractériser se passe
dans le larynx même. Il provient de ce que les
malades arrivés à la fin de leur quinte sont si
pressés de respirer, qu'ils ne prennent pas le temps
de relâcher leur glotte et la laissent contractée
comme elle était pendant la toux. Ce sifflement
de la coqueluche manque habituellement chez l'a-
dulte, la glotte étant plus large à cet âge que dans
l'enfance et laissant un passage suffisant à l'air,
alors même qu'elle est fortement contractée.

Aussitôt après l'inspiration sifflante, les malades expectorent les mucosités qui obstruaient les extrémités bronchiques paralysées et qui sont remontées dans la trachée et les grosses bronches, grâce aux efforts de la toux. Ces mucosités sont assez abondantes ; elles offrent le caractère du mucus sécrété dans les petites bronches et forment un liquide clair, limpide et visqueux, semblable à du blanc d'œuf. Quelquefois cependant la respiration sifflante n'est pas suivie de l'expectoration des mucosités, parce que, sans doute, celles-ci n'ont pas été poussées assez haut dans les grosses bronches. Dans ce cas, la quinte recommence plus violente et plus prolongée ; à peine après un instant de repos, elle se reproduit une seconde et même une troisième fois avec les mêmes caractères jusqu'à ce qu'enfin les efforts de la toux aient conduit les mucosités dans la trachée et aient rendu leur expectoration possible. C'est ce qu'on a appelé la *reprise de la quinte.*

La quinte, dans sa totalité, avec le sifflement qui la termine et l'expectoration qui lui succède, ne dure pas plus d'un quart à trois quarts de minute. Tantôt ces quintes sont rares et séparées par de longs intervalles de repos ; c'est ce qui a lieu dans tout le cours des coqueluches légères et au commencement comme à la fin des coqueluches plus intenses. D'autres fois, au contraire, les quintes sont très-fréquentes ; elles surviennent toutes les heures, toutes les demi-heures ou même tous les quarts d'heure, et on en compte de vingt à cent dans la journée.

Souvent les quintes de la coqueluche se produi-sent sans cause connue et sont dues simplement à l'accumulation des mucosités dans les extrémités bronchiques. D'autres fois, au contraire, elles sont provoquées par certaines circonstances qui excitent la toux et augmentent l'inflammation des bronches. Tels sont le refroidissement du corps ou la respira-tion d'un air froid, la présence dans l'atmosphère d'odeurs fortes et de fumée de tabac, les éclats de rire, les efforts violents nécessités par une course rapide, les accès de colère, la distension de l'esto-mac par les aliments et les boissons, même pris en petite quantité; enfin toute la série des médica-ments excitants, expectorants ou calmants, tels que les vomitifs, les vésicatoires, les cautérisations de la gorge, les potions contenant de l'opium, de la bel-ladone, du kermès, etc.

Aussitôt après la quinte de coqueluche, lorsque les poumons sont bien débarrassés de toutes les mu-cosités qui les obstruaient, les enfants semblent être complétement guéris. Ils reprennent leur gaieté et recommencent leurs jeux jusqu'à ce que survienne un nouvel accès. Cependant, lorsque les quintes sont très-prolongées et très-violentes, elles laissent après elles de la fatigue, de l'abattement, des dou-leurs contusives dans la poitrine, et enfin des trem-blements dans les membres; mais tous ces sym-ptômes durent peu, et ils disparaissent spontanément

après quelques instants de repos. Du reste, les enfants ne paraissent pas être bien malades, ils ont
bon appétit et même mangent avec plus d'avidité
que de coutume, par suite des vomissements auxquels ils sont sujets. Parfois pourtant, lorsque la coqueluche est compliquée d'une bronchite intense, et
que les quintes se succèdent coup sur coup, les
malades sont très-fatigués et très-irrités. Comme ils
vomissent leurs aliments aussitôt qu'ils les ont pris,
ils sont tourmentés par une faim continuelle qu'ils
ne peuvent satisfaire. Il en résulte un état permanent d'irrascibilité et de mauvaise humeur qui
pourrait à lui seul caractériser la coqueluche, car,
dans aucune autre maladie, il n'est donné de voir
des enfants aussi maussades et aussi grognons.

Cependant, après avoir duré de trente à quarante
jours, les quintes de la coqueluche diminuent rapidement de fréquence et d'intensité. Elles sont moins
pénibles, ne causent plus de suffocation et sont suivies d'un sifflement moins bruyant et d'une expectoration moins abondante. Bientôt les quintes cessent tout à fait ou du moins ne se produisent plus
que d'une manière accidentelle, lorsque les enfants
font un effort violent ou qu'ils se mettent en colère,
et il reste seulement une bronchite ordinaire qui
disparaît elle-même au bout de huit à quinze jours.

On peut donc diviser la coqueluche tout entière
en trois périodes : une première de bronchite ordinaire, pendant laquelle les bronches ne sont pas
paralysées et qui dure de huit à quinze jours ; une

deuxième de toux quinteuse, qui est due à la paralysie des bronches et persiste aussi longtemps
qu'elle. Cette période, beaucoup plus longue que la
précédente, se prolonge pendant trois semaines, un
mois, ou même deux mois, et constitue pour ainsi
dire à elle seule toute la coqueluche. Enfin vient
une troisième époque de la coqueluche, pendant laquelle les bronches cessent d'être paralysées et où
il n'existe plus qu'une bronchite simple. Cette dernière période, comme la première, dure de huit à
quinze jours.

La durée totale de la coqueluche peut donc varier
d'un à trois mois environ. Cette grande différence
dans la persistance de la maladie dépend non-
seulement de son intensité variable, mais surtout
de la manière dont elle a été traitée; car si, pour
la coqueluche comme pour la rougeole, la variole
et la scarlatine, il est impossible d'arrêter la marche
de la maladie, il n'est que trop facile de prolonger
sa durée à l'aide d'un mauvais traitement.

En général, la coqueluche est une affection dé-
nuée de gravité et qui guérit sans accident. Il faut
cependant faire une exception pour les enfants âgés
de moins de deux ans, qui souvent n'ont pas la force
de résister à la longueur de leur mal et périssent
épuisés par la fréquence des quintes et la privation
de nourriture et de sommeil. On les voit alors
maigrir peu à peu et tomber dans le marasme. Leurs
lèvres, leurs narines s'ulcèrent et se recouvrent de
croûtes noires et sanglantes d'un mauvais aspect; ils

s'étiolent de plus en plus, bientôt ils deviennent si faibles qu'ils n'ont plus la force de tousser, et ils périssent étouffés par les mucosités amassées dans leurs bronches. D'autres fois, la mort arrive plus brusquement, par suite d'une nouvelle maladie, une pneumonie, une bronchite capillaire, une entérite, qui viennent compliquer la coqueluche et la terminent fatalement en quelques jours. Dans d'autres cas, la coqueluche développe les germes d'une phthisie pulmonaire qui était restée cachée jusque-là, mais qui, une fois commencée, fait des progrès rapides et amène la mort au bout de quelques mois.

Enfin, dans d'autres circonstances, la coqueluche, sans être aussi dangereuse, laisse après elle une certaine faiblesse des bronches, qui prédispose singulièrement à contracter des bronchites; ou encore la violence des quintes produit une hernie ou une chute du rectum qu'il est impossible de guérir et dont on souffre pour le reste de sa vie.

Somme toute, la coqueluche est une maladie sérieuse, qu'on peut sans doute abandonner à elle-même lorsqu'elle se montre très-bénigne, mais qu'il faut traiter avec soin aussitôt qu'elle devient un peu intense et qu'elle trouble la santé.

ASTHME NERVEUX

ASTHME AIGU, ASTHME ESSENTIEL, DYSPNÉE, ORTHOPNÉE,
ACCÈS DE SUFFOCATION.

L'asthme nerveux est une inflammation aiguë
de la muqueuse pulmonaire, inflammation à laquelle vient s'ajouter une paralysie aiguë des
extrémités bronchiques. Les petites bronches se
trouvant paralysées ne peuvent plus se vider des mucosités qui y sont sécrétées en abondance. Ces mucosités s'accumulent donc dans les bronches; elles
les oblitèrent et produisent ainsi un accès de suffocation qui ne cesse que lorsque le malade a expectoré les matières qui l'étouffaient. L'asthme nerveux
est donc en définitive produit par la même lésion
que la coqueluche. Seulement, dans cette dernière
maladie, la paralysie des bronches persiste sans
interruption pendant un mois ou deux, puis disparaît complétement et pour toujours. Dans l'asthme
nerveux, au contraire, la paralysie des bronches est
intermittente et passagère; elle dure à peine quelques heures, tout au plus quelques jours, mais
elle se reproduit souvent, et cela pendant toute la
vie.

L'asthme nerveux est une affection très-rare,
surtout si on le compare à l'emphysème pulmonaire

qui est, au contraire, on ne peut plus fréquent, et
est par excellence la maladie des sujets dits asthmatiques.

La véritable cause de l'asthme nerveux, c'est
avant tout une certaine faiblesse des bronches, qui
se paralysent sous l'influence des causes les plus
légères. Tantôt cette faiblesse des bronches est
innée ou même héréditaire ; d'autres fois, elle est
acquise et provient d'une maladie qui a fortement
atteint le poumon comme la rougeole, la coqueluche, la pneumonie, la fièvre typhoïde, ou bien
elle a été causée par une émotion morale vive, une
frayeur, une colère, un violent chagrin, qui ont
profondément agi sur le système nerveux et ont
affaibli, pour le reste de la vie, les nerfs animant
les fibres musculaires du poumon.

La faiblesse du poumon une fois acquise, les
accès d'asthme sont provoqués par des causes nombreuses et parfois si futiles, en apparence, qu'il a
fallu une expérience réitérée pour croire à leur
réalité. La première de ces causes, c'est le sommeil,
surtout au moment où il est le plus profond, c'est-
à-dire de dix heures du soir à deux heures du
matin. Ce fait, qui semble d'abord bizarre, n'est
pas difficile à comprendre, si l'on réfléchit que le
sommeil n'est, après tout, qu'une paralysie incomplète et momentanée du système nerveux, paralysie
qui intéresse non-seulement l'intelligence, mais
encore le cœur et le poumon, puisque les personnes
qui dorment présentent toujours un certain ralen-

tissement de la respiration et de la circulation. Or,
pour peu que le sommeil soit profond, la paralysie
qu'il détermine s'étend aux fibres musculaires des
bronches, et il en résulte un accès d'asthme. Plusieurs asthmatiques ont à coup sûr leur accès
chaque fois qu'ils dorment dans l'obscurité, ou
quand ils n'entendent plus pendant leur sommeil
certains bruits auxquels ils sont habitués, le rou-
lement des voitures, le tic tac d'une horloge ou
d'un moulin, le clapotement de l'eau, etc. Il est
probable que si la lumière et le bruit préviennent
l'asthme, c'est uniquement parce qu'ils rendent le
sommeil moins profond et l'empêchent de gagner
le poumon.

D'autres fois, les accès d'asthme sont provoqués
par la respiration d'un air trop sec ou trop humide,
trop froid ou trop chaud, trop dense ou trop raréfié,
trop calme ou trop agité. Il y a sous ce rapport les
plus grandes différences individuelles entre les
asthmatiques qui ne présentent qu'un seul caractère
commun, l'extrême susceptibilité de leur poitrine.
Quelques malades même sont si sensibles aux variations de l'air qu'ils indiquent les changements
de temps plus vite et plus sûrement qu'un baro-
mètre, et, semblables aux oiseaux, annoncent la
pluie et les orages longtemps d'avance.

Dans d'autres cas, les accès d'asthme sont produits par des poussières irritantes ou inertes mé-
langées avec l'air, par la fumée, les odeurs, etc.
Chose remarquable, beaucoup de malades ont une

poussière ou une odeur qu'ils ne peuvent respirer sans suffoquer aussitôt, et ils restent complétement insensibles aux effets d'autres substances qui sembleraient devoir leur être beaucoup plus nuisibles.

Enfin bien souvent les attaques d'asthme sont amenées par des erreurs de régime, l'abus des liqueurs alcooliques ou des boissons excitantes, les exercices violents, les excès de plaisir, les travaux d'esprit trop prolongés, les émotions morales vives, et enfin tout particulièrement la colère, surtout lorsqu'on ne peut lui donner son libre cours.

L'asthme nerveux consiste en accès de suffocation qui arrivent subitement au milieu d'une santé parfaite et qui disparaissent sans laisser de traces. Bien souvent l'accès d'asthme se déclare sans être annoncé par rien et réveille les malades au milieu de la nuit, alors qu'ils s'étaient couchés pleins de gaieté et de santé. D'autres fois cependant, l'attaque est précédée pendant quelques heures, ou même pendant deux ou trois jours, par du malaise et de l'oppression. Les asthmatiques se sentent lourds et ennuyés; ils ont des envies de bâiller et d'étendre les bras; leur estomac et leur ventre sont gonflés de gaz et douloureux à la pression, enfin ils rendent des urines abondantes et claires comme de l'eau de roche. Quoi qu'il en soit, que l'accès ait été ou non annoncé, il se produit ordinairement pendant la nuit en saisissant les malades au plus profond de leur sommeil. Tout

à coup, sans cause apparente, l'asthmatique se
réveille en sursaut et se met à suffoquer. Il s'asseoit sur son lit ou, plus souvent, se lève précipitamment, court à la fenêtre, l'ouvre bruyamment et respire avec délices l'air froid du dehors,
même au plus fort de l'hiver. Quelquefois cela
suffit pour dissiper l'accès; après quelques minutes
de suffocation, la respiration se rétablit, le malade
se recouche et passe une bonne nuit. Mais le plus
souvent, l'attaque d'asthme continue, et l'oppression, bien loin de diminuer, va en s'accroissant.
La respiration difficile, brusque, fréquente, entrecoupée, s'effectue avec un sifflement et un ronflement qu'on entend au loin. Les malades, assis sur
leur lit ou cramponnés à la barre d'appui de la
fenêtre, les narines et la bouche largement ouvertes, la tête renversée en arrière, raidissent en
vain tous leurs muscles pour dilater leur poitrine
et faire pénétrer l'air dans le poumon ; les bronches sont imperméables, et il semble que l'air
s'arrête dans le gosier et ne peut descendre plus
bas. En vain l'asthmatique s'efforce de débarrasser
sa poitrine en toussant avec énergie. La toux reste
sèche, et, loin de diminuer la suffocation, elle
l'augmente. Après chaque quinte, l'asphyxie fait
des progrès ; le malade sentant que l'air lui
manque, pense qu'il va mourir, et cette crainte
où il est de périr étouffé, accroît encore son angoisse.

Lorsque la suffocation s'est ainsi prolongée pen-

dant plusieurs heures, elle commence à se calmer
habituellement au moment où le jour paraît. La
respiration devient alors plus libre et plus facile,
la parole moins brève et moins haletante, la toux
moins quinteuse et plus humide; le malade réussit
à détacher les mucosités qui obstruaient les bronches, et il en résulte aussitôt un grand soulagement et une diminution notable de l'oppression.
Les mucosités rendues varient dans leur aspect et
leur consistance. Tantôt c'est un liquide transparent, incolore et visqueux, semblable à une solution
de gomme; d'autres fois, ce sont des crachats épais
et opaques présentant une coloration grisâtre, jaunâtre ou verdâtre. Dans d'autres cas enfin, les matières expectorées ont une consistance plus ferme;
elles sont façonnées en petits cylindres semblables
à du vermicelle cuit et reproduisent exactement la
forme des petites bronches dans lesquelles elles se
sont moulées.

Aussitôt que les bronches se sont débarrassées
des mucosités qui les emplissaient, l'oppression
disparaît comme par enchantement, ainsi que la
toux et tous les symptômes de suffocation. Le malade se trouve seulement fatigué par les violents
efforts qu'il a faits; sa poitrine et ses côtes sont
comme brisées, et il n'aspire plus qu'à se reposer.
Il se recouche alors, dort paisiblement, et à son
réveil, ne sentant plus rien de son accès, si ce n'est
un peu de malaise et de courbature, il est débarrassé pour longtemps de son mal. Quelquefois

pourtant, les asthmatiques n'en sont pas quittes à
si bon compte ; après leur premier accès, ils conservent de l'oppression et un gonflement de l'estomac, puis le soir il survient une nouvelle attaque
aussi intense ou plus intense que la précédente.
Ce second accès n'est pas toujours le dernier, et les
nuits suivantes il peut s'en produire un troisième
et même un quatrième.

Que l'asthme dure un ou plusieurs jours, il
est toujours essentiellement intermittent; une fois
son accès passé, le malade n'éprouve absolument aucune gêne de la respiration, et il peut
vaquer à ses occupations ordinaires, se livrer
aux exercices les plus violents, comme s'il n'a-
vait jamais eu d'attaque et qu'il ne dût plus en
avoir.

Dans certains cas, les accès d'asthme ont lieu
avec une grande régularité et arrivent en quelque sorte à jour et à heure fixes. D'autres fois, le
retour des crises est subordonné à la vie que
mènent les malades, l'attaque ne se reproduisant
que lorsqu'on s'est exposé à l'une des causes qui
ont coutume de la provoquer. Bien souvent enfin,
les accès d'asthme surviennent tout à fait à l'improviste et sans que l'observation la plus attentive
puisse calculer l'époque de leur retour ou en découvrir la cause.

Malgré la violence des symptômes qui l'accompagnent, l'asthme nerveux n'est point une affection dangereuse. Les malades ont beau craindre

d'étouffer à chaque attaque, cela ne leur arrive jamais, et, une fois l'accès passé, ils jouissent d'une santé parfaite. Aussi beaucoup d'entre
eux atteignent-ils heureusement l'âge le plus
avancé.

MALADIES

DU POUMON

Le poumon est l'organe essentiel de la respiration. Composé de vésicules innombrables, il est chargé d'absorber l'oxygène de l'air et de le faire pénétrer dans le sang, fonction importante qui ne saurait être compromise un peu sérieusement sans que la vie soit en danger.

Les maladies du poumon sont au nombre de cinq : l'**hémoptysie**, l'**apoplexie pulmonaire**, la **pneumonie**, la **phthisie pulmonaire** et l'**emphysème pulmonaire**.

Toutes, à l'exception de l'apoplexie pulmonaire, sont remarquables par leur fréquence, et l'une d'elles, la phthisie, est de toutes les affections graves la plus commune, comme elle en est la plus dangereuse.

HEMOPTYSIE

CRACHEMENT DE SANG, VOMISSEMENT DE SANG, PNEUMORRHAGIE,
HÉMORRHAGIE DU POUMON.

L'hémoptysie est un écoulement sanguin ayant
son point de départ dans les vaisseaux du poumon
ou des bronches. Cette hémorrhagie est très-commune, et, par sa fréquence, elle vient immédiatement après l'épistaxis. On le comprendra aisément,
si l'on réfléchit que le poumon renferme de nombreux vaisseaux d'une ténuité extrême, qu'il reçoit
à lui seul plus de sang que tout le reste du corps,
et qu'enfin il est le siége d'un mouvement continuel
indispensable à la respiration.

L'hémoptysie est toujours produite par une déchirure des vaisseaux du poumon, déchirure sans
laquelle les globules sanguins ne pourraient s'é-
chapper des canaux qui les renferment; mais, le
plus souvent, les fissures par lesquelles le sang
s'écoule sont si petites et intéressent des vaisseaux
si fins, qu'il est impossible de les retrouver, et l'hémoptysie paraît due à un suintement sanguin qui se
ferait à la surface de la muqueuse pulmonaire. Dans
quelques cas cependant, les vaisseaux, siége de
l'hémorrhagie, sont d'un certain calibre et laissent
voir la plaie par où ils ont perdu leur contenu;

généralement alors, la perte de sang est en même temps plus abondante et plus difficile à arrêter.

Les causes qui peuvent intéresser les vaisseaux du poumon et donner lieu à une hémorrhagie sont de plusieurs espèces.

Tantôt l'hémoptysie est le résultat d'une violence extérieure, une plaie de poitrine, une fracture de côtes, qui ont divisé ou déchiré le poumon et ont ouvert ses vaisseaux.

D'autres fois la plaie des vaisseaux, siége de l'hémorrhagie, résulte d'un travail ulcératif qui se fait dans le poumon et en ronge la substance. Tel est le mécanisme des hémoptysies qui ont lieu d'une manière à peu près constante au début de la phthisie pulmonaire, lorsque l'inflammation tuberculeuse se creuse des cavernes dans le poumon et qu'elle ouvre, en les ulcérant, les vaisseaux placés sur son passage. Ces hémoptysies des poitrinaires sont de beaucoup les plus nombreuses, car elles manquent bien rarement dans la phthisie pulmonaire, qui est elle-même si commune dans nos climats. Cependant il ne faudrait pas non plus exagérer cette fréquence des maladies de poitrine et leur attribuer tous les crachements de sang sans exception, car beaucoup d'entre eux, le quart ou le tiers peut-être, sont produits par d'autres causes.

Ainsi, dans certains cas, l'hémoptysie provient d'un ralentissement de la circulation pulmonaire, ralentissement qui engorge les vaisseaux du pou-

mon et finit par amener leur rupture. Tel est le
mécanisme des crachements de sang qui surviennent après les grands efforts musculaires, les cris
violents, les vomissements, les quintes de toux, les
accès de colère, etc. Telle est encore la cause des
hémoptysies observées si fréquemment dans l'emphysème pulmonaire, l'asthme, les affections du
cœur, les anévrysmes de l'aorte, toutes maladies
qui troublent considérablement la circulation du
poumon et engorgent ses vaisseaux.

D'autres fois, mais cela arrive bien rarement,
l'hémoptysie est due à une diminution de la pression de l'air contenu dans la poitrine. On a déjà
expliqué, à propos de l'épistaxis, comment cet abaissement de la pression atmosphérique mettait en
liberté les gaz dissous dans le sang et déterminait
ainsi la rupture des vaisseaux. Cette variété d'hémorrhagie se produit, on s'en souvient, dans
deux circonstances seulement, les voyages en
ballons et les ascensions sur les hautes montagnes. Notons ici que, dans ces deux conditions,
c'est l'hémoptysie qui se montre de préférence à
l'épistaxis, les vaisseaux des poumons étant plus
nombreux et plus ténus que ceux de la muqueuse nasale, et partant, beaucoup plus faciles à
rompre.

Dans d'autres cas, ceux-là beaucoup plus fréquents, l'hémoptysie est due à une paralysie
qui relâche les vaisseaux du poumon, les laisse
distendre et engorger par le sang, et provoque

ainsi leur rupture. Les causes pouvant amener ce résultat sont fort nombreuses ; les principales sont : la respiration d'un air très-froid ou très-chaud, de vapeurs et de poussières irritantes ; l'absorption de certains médicaments, notamment le sulfate de quinine, l'iodure de potassium et les préparations ferrugineuses ; l'abus des boissons excitantes et fermentées ou des assaisonnements de haut goût ; et enfin les fatigues excessives, les veilles prolongées, les privations de toute espèce, les chagrins domestiques et les affections morales tristes.

Une dernière cause qui, si elle ne produit pas l'hémoptysie, prolonge toujours sa durée et facilite sa reproduction, c'est la perte ou la diminution de la plasticité physiologique du sang. Par suite de cette altération, le sang ne se coagule plus que très-imparfaitement, et, au lieu d'arrêter immédiatement l'hémorrhagie par la formation d'un caillot, il la laisse se continuer indéfiniment. C'est à cette cause que sont dus les crachements de sang de l'anémie, du scorbut, de la fièvre jaune et des maladies cachectiques.

L'hémoptysie ne se montre pas avec une égale fréquence à tous les âges. Elle est de beaucoup plus commune de quinze à trente-cinq ans. On ne s'en étonnera pas si l'on réfléchit que c'est précisément à cette époque de la vie que se déclarent de préférence les maladies de poitrine, cause ordinaire de l'hémoptysie.

On a remarqué aussi que les crachements de

sang étaient plus communs chez la femme que chez l'homme. La cause en est encore à la phthisie, qui fait plus de victimes dans le sexe féminin que dans l'autre.

On a dit encore que l'hémoptysie se produisait de préférence chez les sujets maigres, à cou allongé, à poitrine étroite, à pommettes saillantes et à figure souffreteuse. Ce sont là en effet des signes de phthisie, et il est tout naturel qu'on les rencontre souvent chez des sujets crachant le sang.

Enfin on a avancé que les hémorrhagies du poumon se montraient avec plus de fréquence et d'abondance au printemps et au commencement de l'été. Le fait est vrai et s'explique par l'influence des premières chaleurs, qui donnent une activité nouvelle à la circulation et favorisent ainsi la rupture des vaisseaux pulmonaires.

Le plus souvent l'hémoptysie débute par un crachement de sang, sans être annoncée par aucun signe précurseur. Parfois cependant son apparition est signalée par un certain nombre de symptômes. Quelque temps avant de rendre le sang, les malades éprouvent du malaise, de la lassitude, de la sensibilité au froid et de l'oppression ; ils ressentent dans la poitrine, principalement entre les épaules, une irritation légère qui produit une petite toux sèche ; enfin ils ont dans la bouche une saveur fade, sucrée ou salée, un goût de sang qui n'est pas un effet de l'imagination, mais est dû véritablement à du sang, expectoré par le malade et resté dans la bouche sans être craché.

D'autres fois, surtout dans les hémoptysies abondantes, les signes précurseurs de l'hémorrhagie sont plus prononcés et indiquent par avance toute la gravité du mal. On éprouve alors des vertiges, des maux de tête, des battements de cœur, des frissons suivis de bouffées de chaleur, des faiblesses ; la face, alternativement pâle et colorée, exprime l'inquiétude ; enfin on ressent dans la poitrine, au point où se fera l'hémoptysie, une tension, une chaleur, une pesanteur, ou même une douleur véritable des plus aiguës, qui gênent la respiration et persistent jusqu'à ce que le sang commence à couler.

Les symptômes précurseurs qu'on vient d'indiquer s'étant montrés deux ou trois jours, quelques heures seulement, ou même ayant fait complétement défaut, l'hémoptysie se produit. Habituellement, c'est à la fin d'une quinte de toux que les premiers crachats sanglants apparaissent, soit que la toux rompe quelques vaisseaux et amène ainsi l'hémorrhagie, soit, au contraire, qu'elle succède à l'hémoptysie et résulte de la présence du sang dans les bronches. La quantité de sang rendu est fort variable. Tantôt elle est des plus minimes et suffit à peine à teinter les crachats en rose. D'autres fois, au contraire, elle est plus abondante et se trouve formée par une écume nettement sanglante qui fait de larges taches rouges sur les linges où on la recueille. Dans d'autres cas, c'est

du sang pur ou à peine mélangé de quelques mu
cosités que l'on expectore. Enfin, dans les hémo
ptysies foudroyantes, le sang s'échappe à flots pa
la bouche et même par le nez, et, en quelques minutes, atteint la valeur de 2 ou 3 litres. Ces hémorrhagies si abondantes s'observent d'habitude dans
les anévrysmes de l'aorte; cependant elles ne son
pas sans exemple chez les poitrinaires, lorsque l'ulcération tuberculeuse a intéressé des vaisseaux
d'un calibre important.

La couleur du sang rendu dépend de son séjour
dans les bronches et de son mélange avec l'air.
S'il est expectoré immédiatement après sa sortie
des vaisseaux, il est d'un rouge écarlate, vif et
vermeil. A-t-il au contraire séjourné dans les
bronches, s'y est-il coagulé, il est en morceaux
compactes d'une teinte noirâtre. Le plus souvent,
ces crachats foncés en couleur s'observent à la fin
de l'hémoptysie, où même ils sont d'un bon augure,
parce qu'ils indiquent que l'hémorrhagie est déjà
arrêtée depuis quelque temps. Les crachats ver-
meils se produisent au contraire au début ou pendant la durée de l'hémoptysie, et ils annoncent que
les vaisseaux du poumon, siége de l'hémorrhagie,
sont toujours ouverts et laissent encore couler leur
contenu. Naturellement l'aspect du sang expectoré
dépend également de l'état de santé des sujets. Il
est riche en couleur et forme rapidement un caillot
ferme et solide chez les individus bien portants
ayant dans leurs veines un sang généreux. Il est au

contraire pâle et aqueux, et produit lentement un petit caillot mou et diffluent chez les anémiques et les poitrinaires arrivés à une période avancée de leur maladie.

Le plus souvent, à mesure que le sang s'échappe des poumons, le chatouillement, la pesanteur, la douleur, l'oppression éprouvés dans la poitrine diminuent, puis disparaissent, et le malade se trouve notablement soulagé par son hémoptysie. Quelquefois cependant ces symptômes persistent, et, dans ce cas, ils annoncent ordinairement que l'hémorrhagie durera, ou qu'à peine finie elle recommencera aussitôt.

Quant à la toux, elle continue aussi longtemps que l'hémoptysie elle-même. Elle est provoquée par la présence du sang dans les bronches et revient par quintes redoutées du malade, car chacune d'elles est habituellement suivie d'une expectoration sanguine plus abondante. Quelquefois cependant, dans les cas très-légers, le sang est craché sans toux et sans effort, et les malades sont tout étonnés en regardant leur mouchoir de le trouver maculé de taches rouges. Lorsqu'au contraire l'hémorrhagie est très-abondante, elle s'accompagne le plus souvent de nausées et de vomissements, ce qui parfois induit en erreur et fait croire que le sang vient de l'estomac et non du poumon.

Si, pendant la durée de l'hémoptysie, on ausculte la poitrine, on y entend un *râle humide* à bulles plus ou moins grosses. Ce *râle* est causé par la présence du sang dans les bronches et par son mélange avec l'air. Il indique le siége précis de l'hémorrhagie, et a lieu ordinairement d'un seul côté de la poitrine, au sommet du poumon, et plus souvent à gauche qu'à droite. Enfin le sang, en arrivant dans les grosses bronches, y produit parfois un *gargouille-ment* très-bruyant que le malade lui-même entend et qu'il compare au bouillonnement d'un liquide en effervescence.

Les hémoptysies, même les plus légères, causent toujours aux malades une certaine émotion, surtout lorsqu'elles se produisent pour la première fois. Cette émotion se traduit par l'accélération du pouls, la pâleur de la face, l'anxiété de la respiration ou même la perte de la connaissance. Quand l'hémorrhagie est assez abondante pour diminuer notablement la masse du sang, ou quand, sans être aussi copieuse, elle atteint des sujets faibles et exsangues, elle détermine la série des symptômes généraux communs à toutes les grandes pertes sanguines. Ces symptômes sont : la petitesse et l'irrégularité du pouls, l'angoisse de la respiration qui est plus rapide et entrecoupée de bâillements et d'inspirations profondes, le refroidissement des extrémités, la décomposition des traits, la terreur du regard, les éblouissements, les syncopes, les tremblements des membres, les convulsions, et enfin, si l'hémorrhagie est très-abondante, la mort qui arrive subitement, sans souffrance et sans agonie.

La durée de l'hémoptysie est très-variable; elle

est en général d'autant plus courte que la perte de sang est plus considérable. Le plus souvent, elle ne dépasse pas deux ou trois heures; cependant, quand la maladie se borne à l'expectoration de quelques crachats sanglants, elle peut persister pendant des journées et des semaines entières.

L'hémoptysie a la plus grande tendance à se reproduire. Il est rare qu'on en soit atteint une seule fois et que la première ne soit pas suivie d'une seconde et d'une troisième. Ces récidives mettent quelquefois un ou deux ans à se montrer, mais le plus souvent elles tardent beaucoup moins, et c'est seulement au bout de quelques semaines ou même de quelques jours qu'elles se reproduisent. Quelquefois ce retour de l'hémoptysie a lieu avec une grande régularité, tous les jours ou tous les deux jours et exactement à la même heure, comme un accès de fièvre intermittente. On a même cité des femmes non réglées chez qui un crachement de sang se répétait régulièrement tous les mois et suppléait à la menstruation absente.

L'hémoptysie est rarement dangereuse en elle-même, et c'est tout à fait par exception qu'elle est assez abondante pour amener la mort. Cependant, alors même qu'elle ne met pas la vie en péril, elle laisse toujours après elle, quand elle est un peu copieuse, de la faiblesse, de la pâleur, des battements de cœur et autres symptômes d'anémie. De plus, abondante ou non, elle effraye beaucoup les malades en leur inspirant sur leur santé des inquié-

tudes sérieuses, inquiétudes du reste très-légitimes
et que le médecin doit partager tout en cherchant à
les dissiper, car l'hémoptysie n'est que trop souvent
le premier symptôme de la phthisie pulmonaire,
maladie bien dangereuse et qui pardonne difficilement aux victimes qu'elle a choisies.

APOPLEXIE PULMONAIRE

HÉMORRHAGIE INTERSTITIELLE DES POUMONS, PNEUMORRHAGIE,
HÉMOPTYSIE FOUDROYANTE.

L'apoplexie pulmonaire est un épanchement de sang qui se fait dans le tissu même du poumon. C'est une maladie fort rare et qui paraît encore moins fréquente qu'elle ne l'est réellement, parce qu'il est difficile de la reconnaître et que souvent on ignore son existence.

Pour que l'apoplexie pulmonaire se produise, il faut que le tissu du poumon soit plus friable et moins résistant qu'à l'état normal, et qu'il se laisse déchirer aisément par le sang sortant des vaisseaux. Quand il en est autrement, lorsque le poumon est sain et qu'il a conservé sa ténacité physiologique, le sang échappé des vaisseaux s'épanche dans les bronches et non dans le tissu pulmonaire, et il se produit alors une hémoptysie ordinaire au lieu d'une apoplexie du poumon. Du reste, cette observation s'applique à toutes les autres apoplexies, notamment à la plus importante d'entre elles, celle du cerveau, qui, elle aussi, est toujours précédée par un certain ramollissement de la pulpe cérébrale.

La friabilité du poumon nécessaire à la production de l'apoplexie pulmonaire se manifeste dans les circonstances suivantes. Tantôt elle est la conséquence d'une maladie grave comme la fièvre typhoïde, la coqueluche, la rougeole, la variole, la scarlatine, la fièvre jaune, la fièvre intermittente des pays chauds, la dysentérie, la morve, le typhus, etc., toutes maladies qui altèrent profondément la vitalité des organes et particulièrement celle du poumon. D'autres fois, l'apoplexie pulmonaire se produit à la fin des affections chroniques graves qui troublent profondément la nutrition et diminuent ainsi la résistance des tissus; telles sont la phthisie pulmonaire, le diabète, l'albuminurie, les cachexies paludéenne et syphilitique, les cancers des divers organes, et enfin les affections du cœur arrivées à leur dernière période.

Dans d'autres cas, l'apoplexie pulmonaire est la conséquence de la misère et des privations portées au dernier degré; du séjour dans des endroits sombres et mal aérés, notamment dans des caves; d'une nourriture malsaine ou insuffisante composée exclusivement de pommes de terre ou d'aliments avariés; de travaux excessifs et portés au delà des forces, d'habitudes d'ivresse crapuleuse et de l'absorption continuelle, au lieu de bons aliments, de boissons alcooliques de mauvaise qualité.

Enfin, une dernière cause d'apoplexie pulmonaire plus nuisible à elle seule que toutes les autres, c'est l'administration de médicaments énergiques, tels que l'émétique, le kermès, l'ergot de

seigle, le sulfate de quinine, la digitale, la vératrine, l'opium, la belladone, le datura stramonium, l'iodure de potassium et surtout le mercure.
Tous ces médicaments sont, en effet, de véritables
poisons, et on comprend aisément que même aux
faibles doses où on les donne, ils puissent ramollir un poumon déjà malade et amener son apoplexie.

Une fois que le tissu pulmonaire est ramolli par
une ou plusieurs des causes qu'on vient d'indiquer,
l'apoplexie peut se produire sous l'influence des
circonstances les plus inoffensives, telles qu'un
effort de toux, un vomissement, une contusion sur
la poitrine; souvent même elle se déclare tout à
fait spontanément et sans avoir été provoquée par
rien.

Les symptômes de l'apoplexie pulmonaire sont
fort obscurs et varient du reste suivant que la maladie est plus ou moins étendue. Dans les cas les
plus graves, lorsqu'une vaste portion du poumon
est réduite en bouillie et transformée en une
grande poche pleine de sang noir coagulé, l'apoplexie est foudroyante et amène la mort en quelques heures. Tout à coup, les malades sont pris
d'une anxiété et d'une oppression extrêmes; leur
figure se décompose, ils pâlissent, tombent en faiblesse en même temps qu'ils crachent le sang en
quantité variable, puis leur respiration s'embarrasse, et ils ne tardent pas à mourir.

D'autres fois, lorsque le foyer de l'apoplexie n
dépasse pas le volume d'une noix ou d'un œuf, l
maladie est moins violente dans ses symptômes e
se prolonge plus longtemps. Dans ce cas, elle s'an
nonce ordinairement par de l'oppression et par un
douleur profonde correspondant au siége du mal.
En même temps, le malade tousse et crache habituellement du sang en quantité plus ou moins
grande. Tous ces symptômes de l'apoplexie pulmonaire sont, comme on le voit, bien vagues. Quelquefois, il est vrai, on peut, à l'aide de la percussion,
découvrir une matité circonscrite qui indique avec
certitude l'existence d'un foyer hémorrhagique.
Mais cela est rare, parce qu'habituellement l'apoplexie est située au centre du poumon et se dérobe
ainsi à la percussion.

Quand les malades ne sont pas en trop mauvais
état, et que l'apoplexie pulmonaire n'est pas bien
étendue, elle peut guérir, et on la prend alors
pour une simple hémoptysie. Si, au contraire, la
vitalité des poumons est profondément atteinte, il
se produit chaque jour de nouveaux foyers apo-
plectiques à côté des anciens, l'oppression augmente, la respiration s'engorge et la mort arrive
moins rapide, il est vrai, que dans l'apoplexie foudroyante, mais tout aussi inévitable.

PNEUMONIE

PULMONIE, PÉRIPNEUMONIE, FIÈVRE PNEUMONIQUE,
FLUXION DE POITRINE.

La pneumonie est l'inflammation du tissu propre
du poumon. Cette inflammation présente plusieurs
degrés. D'abord, c'est une simple congestion des
vésicules pulmonaires qui contiennent plus de sang
et d'humeur que de coutume. Ce premier degré de
la pneumonie a reçu le nom d'*engouement*. Mais
bientôt, par suite des progrès de l'inflammation, il
se fait des dépôts fibrineux dans la trame du tissu
malade. Celui-ci perd son élasticité et sa perméabilité à l'air; il devient compacte et semblable à un
morceau de foie, d'où le nom d'*hépatisation* donné à
cet état; il ne surnage plus quand on le met dans
l'eau et se laisse facilement déchirer avec les doigts
par suite de sa friabilité plus grande. Enfin, quand
l'inflammation du poumon arrive jusqu'à la suppuration, les parties malades infiltrées de pus présentent une coloration grisâtre, elles exhalent une
odeur fétide et sont si ramollies que le moindre effort suffit pour les réduire en bouillie. La pneumonie est une maladie très-fréquente qui enlève
beaucoup d'enfants et de vieillards, et qui est loin
d'épargner les adultes; on peut même dire qu'elle

est de toutes les affections aiguës et graves celle qu'on a le plus souvent l'occasion d'observer.

La cause principale et pour ainsi dire unique de la pneumonie, c'est le froid, ou, pour mieux dire, c'est l'air froid qui entre dans le poumon et en enflamme le tissu. Mais, pour produire une pneumonie, il ne suffit pas d'un refroidissement ordinaire, comme pour donner naissance à des coryza, des bronchites et des angines; non, il faut un de ces refroidissements intenses et prolongés qui pénètrent tout le corps et glacent jusqu'au sang lui-même, comme lorsqu'on a été longtemps exposé au froid, au vent, à la neige ou à la pluie, qu'on est resté immobile dans un courant d'air avec les vêtements trempés de sueur ou de pluie, qu'on s'est plongé dans l'eau froide assez longtemps pour y perdre sa chaleur naturelle, qu'on a passé la nuit dehors à dormir sur la terre humide, qu'on a ingurgité coup sur coup une grande quantité d'eau glacée, en un mot toutes les fois qu'on s'est exposé à un froid assez intense pour abaisser de quelques degrés la température générale du corps.

L'action du froid, comme cause de pneumonie, est d'autant plus dangereuse que le corps lui-même est plus chaud et qu'il vient d'être exposé à une température plus élevée, le séjour dans une atmosphère chaude désarmant pour ainsi dire nos tissus et les empêchant de résister au froid qui vient plus tard les assaillir. C'est pour cette raison que l'on contracte si souvent des fluxions de poitrine à la

sortie des bals, des spectacles et autres endroits où
il fait très-chaud. C'est pour la même cause que
toutes les professions où l'on est soumis habituellement à une température élevée, celles de chauffeur,
de cuisinier, de boulanger, d'apprêteur, de forge-
ron, de verrier, etc., prédisposent d'une manière
très-manifeste à l'inflammation du poumon. C'est
encore pour ce même motif que la pneumonie se
produit avec le plus de fréquence à l'automne et
surtout au printemps, lorsque la température présente de brusques variations et passe sans transition du froid au chaud et réciproquement. Quelquefois même ces variations de la température sont si
subites et si tranchées, qu'il est difficile d'y échap-
per, et c'est alors qu'on voit la fluxion de poitrine
faire épidémie et frapper en même temps un grand
nombre de personnes. Enfin, c'est toujours pour la
même raison que la pneumonie est bien plus commune dans les climats froids et tempérés que dans
ceux qui sont plus chauds, la température étant
assez uniforme dans ces dernières régions, tandis
qu'elle présente au contraire de brusques variations
dans les pays septentrionaux, variations d'autant
plus fréquentes qu'il faut y ajouter encore celles
provenant de la chaleur artificielle employée dans
les appartements.

Si la pneumonie est produite le plus souvent par
le froid, elle peut, dans quelques cas exceptionnels,
être provoquée par la respiration d'un air assez
chaud pour brûler le poumon. C'est ce qui ar-

rive, par exemple, dans les incendies et les explosions de chaudières à vapeur, lorsqu'on a respiré un air chargé de fumée brûlante ou de vapeur d'eau bouillante. Toutefois, cette sorte de pneumonie est rare, parce qu'elle est habituellement compliquée par une bronchite capillaire qui étouffe le malade en quelques heures et empêche le développement de l'inflammation.

Il en est de même pour les vapeurs de chlore, d'acide nitreux, de soufre et d'autres substances analogues. Ces vapeurs irritent si vivement les bronches et provoquent une suffocation et une toux si violentes, qu'on s'empresse de se soustraire à leur influence, et, quand on ne peut y réussir et qu'on continue à les respirer, elles produisent une bronchite capillaire rapidement mortelle qui ne laisse pas à la pneumonie le temps de se développer.

D'autres fois, la pneumonie est la conséquence d'une blessure qui a intéressé le poumon et qui s'est ensuite enflammée. C'est ce qui a lieu par exemple à la suite des plaies pénétrantes de la poitrine. Cependant, on doit l'avouer, ces pneumonies succédant à une blessure se produisent très-rarement, et, quand elles arrivent, elles sont remarquables par leur petite étendue et par leur rapide guérison.

Dans d'autres cas, la pneumonie est causée par un corps étranger introduit dans la trachée, puis implanté dans une bronche où il a enflammé et ulcéré le poumon autour de lui. Contrairement aux précédentes, ces fluxions de poitrine liées à la présence d'un corps étranger dans le poumon sont des plus dangereuses, et il est bien rare qu'elles ne soient pas suivies de mort.

Bien souvent la pneumonie est évidemment provoquée par l'ingestion rapide et coup sur coup d'une grande quantité d'eau-de-vie et de liqueurs, ou même simplement de vin et de bière. Cette influence fâcheuse de l'alcool est plus prononcée encore lorsqu'il s'y joint l'action du froid et de l'humidité, lorsque, par exemple, les ivrognes s'endorment dehors et passent la nuit exposés à la pluie ou couchés dans le ruisseau.

Enfin, une dernière cause de pneumonie qui ne sévit que sur des sujets déjà malades, mais qui, par contre, agit avec beaucoup d'énergie et fait bien des victimes, c'est l'administration de tous les médicaments doués d'une certaine activité, tels que l'émétique, le kermès, l'opium, la belladone, le sulfate de quinine, l'ergot de seigle, la digitale, le mercure, l'iodure de potassium, l'iode en vapeur, les purgatifs, les vomitifs, les vésicatoires, etc. Sans doute, l'action fâcheuse de ces divers médicaments est loin d'être constante, et il est certain qu'on ne contracte pas une fluxion de poitrine chaque fois qu'on prend une purgation ; mais il est certain aussi que beaucoup de malades, beaucoup de convalescents sont atteints de pneumonie immédiatement après avoir usé des remèdes en question, et c'est là un fait qui se reproduit trop souvent pour qu'on en méconnaisse la valeur et qu'on l'attribue à une simple coïncidence.

Les différentes causes qu'on vient d'énumérer produisent la pneumonie avec d'autant plus de certitude que les sujets sur lesquels elles agissent se trouvent être plus chétifs et plus débilités. Ainsi, tandis qu'elles restent sans effet, à moins d'être très-violentes, chez les individus robustes, elles frappent avec rigueur les personnes affaiblies par l'âge, la maladie ou les privations. Un refroidissement, même assez médiocre, suffit alors pour produire des pneumonies très-graves, comme c'est si souvent le cas chez les sujets placés dans de mauvaises conditions hygiéniques, mal nourris, mal logés, mal vêtus, épuisés par des travaux excessifs et des veilles prolongées, démoralisés par des chagrins domestiques et des revers de fortune, ou enfin frappés d'aliénation mentale.

L'inflammation du poumon se développe avec une facilité plus grande encore et sous l'influence des causes les plus faibles dans le cours des maladies aiguës graves, ou même pendant leur convalescence, alors que la fièvre est tombée depuis quelques jours et que la guérison semble assurée. C'est surtout dans la rougeole, la fièvre typhoïde, la coqueluche, le croup, la bronchite capillaire, que l'on voit survenir ces pneumonies secondaires, présage d'une mort à peu près certaine. Mais elles s'observent aussi, quoique plus rarement, il est vrai, dans la variole, la scarlatine, la fièvre puerpérale, l'érisypèle, le rhumatisme articulaire, et en général dans toutes les maladies aiguës ayant une certaine gravité.

Cependant, c'est surtout dans les affections chroniques que la pneumonie se montre fréquemment et devient une cause active de mort. Non-seulement elle complique très-souvent les maladies propres aux poumons, l'emphysème, la phthisie pulmonaire et le catarrhe, mais elle survient également dans les affections chroniques des autres organes, le diabète, l'albuminurie, le ramollissement du cerveau, les lésions organiques du cœur, etc.; aussi peut-on dire qu'il n'existe aucune maladie chronique grave qui, d'un instant à l'autre, ne puisse être terminée brusquement par une fluxion de poitrine survenant à l'improviste.

La pneumonie ne se montre pas avec la même fréquence à tous les âges. Elle est beaucoup plus commune dans la vieillesse, et surtout dans l'enfance, qu'au milieu de la vie. Ainsi, tandis qu'elle forme le dixième ou le vingtième des maladies de l'adulte, elle constitue presque le quart ou le cinquième des affections du premier âge, et même davantage pour les nouveau-nés, dont la moitié ou les deux tiers peut-être succombent à une inflammation du poumon. Bien plus, il n'est pas très-rare de trouver des pneumonies nettement caractérisées chez les enfants qui viennent de naître, pneumonies développées évidemment dans le sein de la mère et résultant d'une chute, d'un refroidissement ou de

l'administration d'un médicament pendant la grossesse, ces diverses causes ayant été trop faibles
pour nuire à la mère, mais suffisant parfaitement
pour enflammer le poumon plus délicat du fœtus.

La pneumonie est deux ou trois fois plus fréquente
chez l'homme que chez la femme. Cela ne provient
pas d'une disposition particulière à cette dernière,
mais tout simplement de ce que les hommes, à cause
des professions pénibles qu'ils exercent, sont plus
exposés à avoir une inflammation du poumon. En
effet, toutes les fois que les deux sexes ont la même
manière de vivre, ils contractent des pneumonies
avec la même facilité. C'est ce qu'on peut observer
chez les vignerons et les cultivateurs, dont les femmes travaillent à la terre comme les hommes. C'est
aussi ce qui a lieu chez les jeunes enfants; mais,
en grandissant, les petits garçons se montrent plus
violents et plus imprudents dans leurs jeux que les
petites filles, et aussitôt leurs fluxions de poitrine
deviennent plus fréquentes.

La pneumonie atteint bien rarement les deux
poumons à la fois. Ordinairement elle n'intéresse
qu'un seul de ces organes, le droit plus souvent
que le gauche. C'est précisément le contraire de
la phthisie pulmonaire, qui, elle, est plus fréquente à gauche qu'à droite. La pneumonie ne
frappe pas non plus avec la même facilité toutes
les parties du poumon; elle est bien plus commune
à la base qu'au sommet. C'est encore l'opposé de la
phthisie pulmonaire, qui commence pour ainsi dire

toujours par envahir le sommet des poumons et n'arrive à leur base que plus tardivement. Aussi, quand il se développe une pneumonie du sommet, surtout à gauche, faut-il toujours craindre de la voir entée sur une phthisie commençante ou déjà confirmée.

Enfin la fluxion de poitrine a une grande tendance à se reproduire dans les points du poumon qu'elle a atteint une première fois, surtout si alors elle a été mal soignée. Malgré leur guérison apparente, les parties qui ont été malades conservent une certaine faiblesse, et, quand survient un refroidissement, elles sont enflammées de préférence au reste du poumon. C'est ainsi que bien souvent on voit certains sujets être frappés de cinq ou six pneumonies successives, affectant toujours le même côté, et dont la dernière les emporte.

Parfois la pneumonie est précédée par quelques jours de malaise et d'abattement. Les malades, tout en continuant leurs occupations ordinaires, se trouvent faibles, tristes et mal en train; ils ont de la sensibilité au froid ou même de petits frissons alternant avec des bouffées de chaleur; ils éprouvent des douleurs vagues dans les reins et dans les membres, perdent l'appétit, dorment mal, se trouvent brisés de fatigue sans avoir rien fait, et ont parfaitement la conscience qu'ils couvent quelque maladie grave.

Le plus souvent cependant, la fluxion de poitrine

débute brusquement, et au milieu de la santé la plus parfaite, par un frisson caractéristique. Ce frisson varie dans son intensité. Tantôt il est si léger, si fugitif, que le malade y fait à peine attention et sent seulement de la chair de poule et du froid dans le dos. D'autres fois il est un peu mieux marqué. C'est un refroidissement général, plus prononcé cependant aux mains, aux pieds et le long de la colonne vertébrale. Ce refroidissement se produit à la moindre cause, le plus souvent quand on se déshabille pour se coucher; il dure à peine quelques minutes et disparaît pour faire place à la fièvre. Dans quelques cas cependant, le frisson est d'une violence extrême et annonce bien par son intensité la gravité de la maladie. Il donne alors lieu à la sensation d'un froid glacial et s'accompagne de claquement de dents, de tremblement des membres, de décomposition des traits, d'angoisse de la respiration, et enfin de vomissements, pour peu que le malade vienne de manger. Ce frisson violent se prolonge dix minutes, vingt minutes ou une demi-heure, quels que soient les moyens employés pour le dissiper, puis il s'arrête spontanément et la fièvre lui succède. Dans tous les cas, que le frisson soit faible ou intense, il annonce le début de la pneumonie, et, aussitôt qu'il a cessé, les malades sont obligés de se mettre au lit, s'ils ne l'ont déjà fait.

Cependant, chez les vieillards, le frisson de la pneumonie manque souvent, et celle-ci n'est an-

noncée alors que par de l'abattement, du malaise, une perte de l'appétit ou même une simple
faiblesse, sans autre signe d'indisposition. Chez
les enfants, surtout les très-jeunes, le frisson fait
de même fréquemment défaut, et la pneumonie
débute brusquement par de l'agitation, de la fièvre,
des vomissements et du délire. D'autres fois, au
contraire, le frisson se reproduit plusieurs jours de
suite, régulièrement à la même heure, et simule,
à s'y méprendre, des accès de fièvre intermittente.
Ce début singulier de la pneumonie s'observe surtout dans les pays marécageux, aux bords des
étangs ou des rivières.

Aussitôt après le frisson, ou seulement quelques
heures plus tard, les malades ressentent dans le
côté une douleur qui attire l'attention sur la poitrine et fait penser à l'existence d'une pneumonie,
si l'on n'y avait pas encore songé. Cette douleur
siége habituellement au niveau du sein. Elle n'est
nullement en rapport avec le point occupé par la
pneumonie, souvent même elle en est très-éloignée,
quoique toujours située du même côté. Du reste,
elle varie beaucoup dans son intensité. Quelquefois
très-aiguë et déchirante, elle gêne notablement la
respiration et est augmentée par la pression et par
la toux. Mais ordinairement elle est sourde, obtuse
et profonde, et si elle ne présente pas tout d'abord
ces caractères, elle les revêt toujours au bout d'un
ou deux jours. Son étendue et la forme des points
qu'elle occupe offrent de même de grandes varia-

tions. Le plus souvent cependant, elle suit exactement le trajet d'une côte et paraît due à l'inflammation d'un nerf intercostal. Dans tous les cas, le
point de côté de la pneumonie manque bien rarement chez l'adulte ; par contre, il fait défaut fréquemment chez les enfants, surtout les très-jeunes,
et chez les vieillards avancés en âge.

En même temps qu'apparaît la douleur de côté,
la respiration s'accélère notablement, et au lieu
d'avoir seize à vingt respirations à la minute, comme
en bonne santé, on en fait trente, cinquante ou
même soixante et quatre-vingts dans les cas de
pneumonie double. Malgré cette fréquence de la
respiration, malgré l'étendue de l'inflammation qui
occupe une portion notable de leur poumon, les
malades n'éprouvent qu'une gêne médiocre et n'ont
aucune oppression. Ils respirent facilement quoique
vite ; ils parlent, toussent, crachent librement, et,
sauf leur point de côté, il leur semble n'avoir rien
dans la poitrine. Quelquefois cependant, ils ont
une grande difficulté à respirer ou même présentent des accès de suffocation, mais c'est qu'alors
il existe quelque autre maladie compliquant la pneumonie ; une pleurésie, une bronchite capillaire, un
emphysème du poumon, une phthisie pulmonaire
ou une affection du cœur.

La toux se montre dans la pneumonie en même
temps que le point de côté et l'accélération de la
respiration. Ordinairement elle est peu fréquente
et peu fatigante, à moins que la douleur de côté

ne soit très-vive. Jamais elle ne vient par secousses et par quintes, et elle est infiniment moins pénible et moins déchirante que la toux de la bronchite simple, bien qu'elle provienne d'une maladie beaucoup plus grave.

La toux est d'abord tout à fait sèche, mais après deux ou trois jours au plus, elle donne lieu à une expectoration de crachats caractéristiques. Ces crachats, qui se détachent avec peine et collent au gosier, sont colorés par du sang intimement mélangé avec eux. Ils sont d'abord d'un rouge pur et semblables à de la brique pilée ou à de la rouille ; puis ils tirent sur le jaune et présentent une coloration orangée, jaune-citron, safranée, sucre d'orge ou marmelade d'abricots, enfin ils prennent une teinte plus foncée et deviennent pareils à du jus de réglisse ou de pruneaux.

Outre leur coloration déjà si reconnaissable, les crachats de la pneumonie ont d'autres caractères non moins importants. Ils sont visqueux, demitransparents, finement aérés et semblables à une solution de gomme très-épaisse qu'on aurait battue avec de l'air. D'un autre côté, ils s'attachent avec force aux linges et aux vases où on les recueille, et sont si gluants qu'en retournant le plat qui les contient ils restent d'abord suspendus en l'air sans se décoller, puis finissent par tomber en formant de longs filaments tenaces.

Ces crachats de la pneumonie sont, au reste, d'une abondance très-variable. Quelquefois, il n'en

existe qu'un ou deux qui passeraient inaperçus si
on ne les recherchait avec soin. D'autres fois, ils
sont plus nombreux, sans cependant être jamais
très-copieux, et ensanglantent d'une manière visible le mouchoir où on les expectore. Souvent ils
sont mélangés avec des crachats de bronchite
épais, opaques, blanchâtres ou verdâtres, ou bien
ils nagent dans un liquide aqueux et limpide ressemblant à de la salive.

Les crachats sanglants, tels qu'on vient de les
décrire, sont caractéristiques et n'existent avec
cette apparence que dans la pneumonie. Aussi suffit-il de constater l'existence d'un seul d'entre eux
pour reconnaître à coup sûr cette maladie. Mais,
assez souvent, ces crachats manquent, soit qu'étant
peu nombreux ils échappent à l'observation, soit
qu'ils fassent réellement défaut. Ce dernier cas
est, pour ainsi dire, de règle chez les enfants et
les vieillards qui ne crachent pas du tout ou n'expectorent que des crachats de bronchite simple,
alors même qu'ils ont une fluxion de poitrine parfaitement caractérisée.

Autrefois, le frisson initial, le point de côté et les
crachats sanglants étaient les seuls signes à l'aide
desquels on sût reconnaître l'inflammation du poumon, et bien souvent, quand ils manquaient, cette
maladie était méconnue. Mais aujourd'hui, à l'aide
de la percussion et de l'auscultation, non-seulement
on constate l'existence des pneumonies les moins
caractérisées par leurs autres symptômes, mais on

peut de plus préciser exactement le siége qu'elles
occupent et apprécier leur étendue. En percutant
la poitrine et en comparant attentivement la sonorité des deux côtés, on observe que le poumon
sonne un peu moins creux dans tous les points
envahis par l'inflammation. Si on applique largement la main sur ces mêmes points et qu'on fasse
tousser ou parler le malade, on trouve encore que
les parois de la poitrine vibrent avec plus de force
au niveau de la pneumonie que partout ailleurs.
Cette augmentation de la matité et des vibrations
de la poitrine vient évidemment de ce que les portions du poumon, siége du mal, contiennent plus
de sang et moins d'air qu'à l'état normal, et partant
sont moins sonores et plus vibrantes que chez un
sujet bien portant.

Si, au début de la pneumonie, on ausculte
attentivement les points malades, on y trouve un
râle particulier composé de petites bulles très-fines,
très-sèches, très-égales, très-régulières, qui cré-
pitent dans l'oreille comme des fusées d'étincelles,
et qui se produisent surtout à la fin de l'inspiration. Ce *râle* bien facile à reconnaître, dès qu'on
l'a entendu une fois, a reçu le nom de *crépitant*.
Dans certains cas, il est difficile à constater, mais on
le fait paraître à coup sûr en engageant les malades
à respirer largement ou à tousser une ou deux
fois. Souvent aussi, surtout à la fin de la pneumonie, le *râle crépitant* se compose de bulles plus
grosses et plus humides qui le font ressembler aux

râles muqueux de la bronchite; mais on l'en distingue aisément à ce caractère que le *râle crépitant* n'occupe jamais qu'un côté de la poitrine, sauf les cas très-rares de pneumonie double, tandis que le *râle* de la bronchite s'entend à peu près avec la même intensité dans les deux poumons à la fois.

Le *râle crépitant* n'existe dans la pneumonie qu'autant que les parties enflammées sont restées perméables à l'air. Aussitôt que l'inflammation a fait des progrès et que les tissus malades, gorgés de sucs et de sang, forment une masse solide entièrement privée d'air, le *râle crépitant* disparaît et est remplacé, comme signe de pneumonie, par la *respiration bronchique* et la *bronchophonie*. Grâce à la densité plus grande des parties enflammées qui conduisent mieux le son, le bruit de la voix et celui de la respiration se font entendre avec plus de force et vont vibrer avec éclat dans l'oreille, exactement comme s'ils étaient transmis à l'aide d'un tube métallique. Aussi a-t-on donné également à cette *respiration bronchique* le nom de *respiration tubaire*. Cette *respiration bronchique*, cette *bronchophonie* existent à côté du *râle crépitant*, auquel elles succèdent ordinairement; mais, à l'opposé de ce dernier, elles se font entendre principalement dans l'expiration, et manquent ou sont moins prononcées pendant l'inspiration.

Cependant, à mesure que l'inflammation se développe dans le poumon et donne lieu aux divers symptômes qu'on vient d'indiquer, la fièvre qui a succédé au frisson persiste ou même augmente encore. Les malades, faibles, abattus, restent couchés sur le dos dans une immobilité complète, surtout lorsque la respiration est fréquente et le point de côté douloureux ; leur peau est brûlante, quelquefois âcre et sèche, le plus souvent humide et maintenue dans sa moiteur par une sueur tiède. Leur pouls, large et dur, compte 80, 90, 100, 110, 120 pulsations à la minute, et se montre en général d'autant plus fréquent que la respiration est plus accélérée. La soif est vive, la langue large, blanche, humide, couverte d'un enduit épais, la bouche amère et pâteuse, l'appétit complétement perdu. Il y a dégoût de tous les aliments, même du bouillon, et, si malgré cette répugnance on se force à manger, on vomit aussitôt ce qu'on a pris, mélangé avec de la bile ou des mucosités filantes. Enfin, pour compléter ce tableau, les urines sont rares, odorantes, foncées en couleur, et il existe un peu de diarrhée, ou de la constipation.

Au début de la pneumonie, on observe ordinairement une pesanteur de tête, qui se dissipe en même temps que la douleur du point de côté ; mais les yeux restent brillants, la face rouge et animée, surtout sur les pommettes, ce qui donne aux malades une fausse apparence de bonne santé. Souvent il se produit des boutons de fièvre à la lèvre et aux narines. La nuit, les malades sont tourmentés par une insomnie complète, ou n'ont qu'un mauvais sommeil, interrompu par des rêvasseries ; le jour, ils sont abattus, silencieux, ne laissant voir un peu d'agitation et ne devenant plaintifs que vers les premières heures de la soirée. Quelquefois même, mais cela est rare, il éclate un délire violent, pendant lequel les malades parlent sans cesse et sans raison, s'agitant dans leur lit, voulant se lever et s'habiller, et pouvant même, si l'on ne s'y oppose, sortir de leur chambre et se jeter par la fenêtre.

Dans les cas fâcheux, à l'exception du mal de tête et du point de côté qui disparaissent au bout de deux ou trois jours, tous les autres symptômes vont en s'aggravant. La respiration s'accélère et devient de plus en plus haletante, l'expectoration se montre plus difficile, les crachats, cessant d'être sanguinolents, prennent une teinte d'un gris sale et sont mélangés de pus; parfois même ils exhalent une odeur fétide insupportable, ce qui annonce que la gangrène s'est emparée du poumon. En examinant alors la poitrine, on trouve que la *matité* persiste et a même augmenté ainsi que la *respiration tubaire;* mais le *râle crépitant* disparaît, et il est remplacé par un *râle muqueux* à grosses bulles, indice de la suppuration du poumon; la langue devient sèche, dure, noire, et comme brûlée par la fièvre; la face se décompose et se grippe, en prenant une teinte livide ou terreuse; le pouls, qui était jusque-là dur et fort, faiblit et s'amollit; il augmente encore de fréquence et se montre irrégulier; les extrémités se refroidissent; enfin le cou,

la poitrine, le front se recouvrent d'une sueur
froide et visqueuse, indice d'une fin prochaine.
L'intelligence seule reste intacte et, malgré la mort
qui va l'atteindre, le malade conserve toute sa luci-
dité ou même laisse voir une grandeur de caractère, une pénétration d'esprit, une profondeur de
vues, une délicatesse de sentiments qu'on ne lui
soupçonnait pas. Bien loin d'avoir la conscience de
son état, il se trouve mieux, il parle de sa guérison,
fait des projets pour sa convalescence, dit qu'il ira
à la campagne et paraît si calme, si tranquille, si
sûr de guérir, qu'il fait partager sa conviction à
ceux qui l'entourent. Mais cette illusion dure peu ;
au bout de quelques heures, les bronches se remplissent de mucosités que le poumon n'a plus la
force d'expectorer ; la respiration s'embarrasse,
elle devient bruyante et râleuse, et le malade s'é-
teint sans souffrance, après une courte agonie.

Lorsqu'au contraire la pneumonie doit guérir, et
c'est heureusement ce qui arrive le plus souvent,
tous ses symptômes, après avoir augmenté pendant
quelques jours et s'être montrés toujours moins
intenses le matin que dans la soirée, se mettent à
diminuer d'une manière simultanée, dès la fin de
la première semaine ou vers le commencement
de la seconde. La fièvre se modère, la chaleur
de la peau est moins grande, la soif moins vive,
le pouls moins dur, moins fort, moins fréquent ;
le point de côté disparaît entièrement, la respiration se calme, la toux se montre plus facile

et plus grasse; les crachats changent de nature, ils
cessent d'être colorés par du sang, perdent leur
viscosité et deviennent blancs, épais, opaques
comme dans la bronchite simple. Si l'on examine
la poitrine, on trouve que le poumon reprend peu
à peu sa perméabilité; l'absence de sonorité qui
existait au niveau de la pneumonie diminue, puis
disparaît. La *respiration bronchique* et la *bronchophonie* sont remplacées par un gros *râle crépitant*
qui cesse bientôt lui-même et se transforme en
râle muqueux quand il existe de la bronchite. En
même temps le malade se sent beaucoup mieux;
sa face reprend son expression naturelle; il se
trouve plus fort et s'inquiète de ce qui se passe
autour de lui; il a pendant la nuit quelques heures
de bon sommeil et, sans avoir encore beaucoup
d'appétit, il boit du bouillon avec plaisir; bientôt
enfin, l'inflammation du poumon guérissant tout à
fait, la fièvre cesse complétement, l'appétit renaît,
les forces reviennent, et le malade entre en pleine
convalescence.

La durée totale de la pneumonie dépend beaucoup du genre de traitement employé pour la combattre, et varie de deux à trois semaines, auxquelles
il faut ajouter un temps égal pour la convalescence.
Quand la pneumonie se termine par la mort, celle-
ci arrive ordinairement au bout de huit à quinze
jours. Dans quelques cas cependant, chez les individus épuisés par les excès, les privations, les chagrins, ou traités d'une manière trop énergique, la

pneumonie passe pour ainsi dire à l'état chronique. La fièvre tombe alors à la même époque que de coutume; mais l'inflammation du poumon persiste ou même fait de nouveaux progrès, l'appétit ne revient pas, les malades maigrissent et s'affaiblissent de plus en plus, et ils finissent par mourir dans le dernier état de marasme, après avoir traîné deux ou trois mois.

La pneumonie est une affection des plus graves. Chez les adultes robustes, elle est, il est vrai, assez bénigne et, pour peu qu'on ne la traite pas trop mal, elle guérit heureusement. Mais il n'en est pas de même pour les enfants et les vieillards, chez qui la pneumonie fait de nombreuses victimes. Passé l'âge de soixante-dix ans, elle se montre pour ainsi dire toujours mortelle, et elle l'est encore, dans le tiers ou la moitié des cas, de cinquante-cinq à soixante-dix ans, et chez les enfants âgés de moins de cinq ans.

Je parle ici de la pneumonie simple, celle qui arrive d'emblée chez un sujet bien portant et n'est pas compliquée par une autre maladie. Mais, quand la fluxion de poitrine survient dans le cours d'une affection aiguë ou chronique, elle est bien plus dangereuse non-seulement chez les vieillards et les enfants, mais aussi chez les adultes les mieux constitués.

Toutes les pneumonies n'ont pas la même gravité. Elles sont en général plus redoutables quand elles intéressent les deux poumons à la fois ou une très-grande étendue d'un seul de ces organes. De plus la pneumonie, limitée à un seul poumon, est, dit-on, plus dangereuse quand elle en occupe le sommet, ce qui tient sans doute à ce qu'elle est alors compliquée par une phthisie pulmonaire commençante.

La pneumonie étant une maladie fort grave, il faut mettre le plus grand soin à prévenir son développement. A cet effet, le plus sûr moyen, c'est d'éviter les froids intenses qui abaissent de plusieurs degrés la température du corps tout entier. Lorsqu'au contraire le froid est tout superficiel et qu'il affecte la peau seule, sans atteindre le sang et les organes profonds, il est sans danger et provoque, non une fluxion de poitrine, mais un coryza, une angine, une bronchite, ou même ne donne lieu à aucun accident. C'est ce qui arrive par exemple pour les bains russes et l'hydrothérapie, qui produisent bien rarement des pneumonies, les affusions froides faites sur le corps en sueur étant trop peu prolongées pour refroidir le sang, et se bornant à rafraîchir la peau. Par contre, une petite pluie fine, qui a mouillé tous les vêtements, un courant d'air frais auquel on est resté exposé plusieurs heures, réussissent bien plus aisément à refroidir la totalité du corps et sont une cause fréquente de pneumonie.

Aussitôt que la pneumonie existe, ce dont on est

averti par le frisson, la fièvre, la toux et le point
de côté, il faut immédiatement se mettre au
lit. Certains malades, très-robustes d'ailleurs et
doués d'une grande énergie morale, réussissent
parfois, malgré leur pneumonie, non-seulement à
ne pas se coucher, mais encore à continuer leurs
travaux. C'est là une grande imprudence qui aggrave toujours l'inflammation du poumon et peut
même la rendre mortelle. Disons à ce propos qu'il
y a toute une classe de maladies où il est très-im-
prudent de forcer son mal et où il faut se mettre au
lit aussitôt qu'on se sent atteint; ce sont toutes les
affections dans lesquelles il existe une fièvre violente. Lorsqu'au contraire il n'y a que de la douleur, du manque d'appétit, du malaise, de la faiblesse sans fièvre ni frisson, on peut, sans trop de
danger, éviter de garder le lit et ne pas mettre
dans ses occupations une interruption qui, plus
que la souffrance, constitue la maladie.

Dès que les malades sont couchés, s'ils ont encore le frisson, on les couvrira chaudement et on
les réchauffera avec des bouteilles d'eau bouillante,
ou, ce qui est plus expéditif, avec des assiettes
et des fers à repasser chauffés au feu et entourés de linges. Aussitôt le frisson passé, on tien-
dra le malade moins chaudement tout en évitant
qu'il se refroidisse, surtout si c'est un enfant.
La chambre sera laissée dans une demi-obscu-
rité, à moins que les malades n'exigent le contraire; on l'entretiendra à une température de

14

18° centigrades environ, en la chauffant avec un
cheminée, plutôt qu'avec un poêle qui donnerait un
mauvaise odeur et ne renouvellerait pas l'air d'un
manière suffisante. En même temps on aura soi
d'enlever tout ce qui peut altérer la pureté d
l'air, les vases de nuit, les fleurs, les aliments, le
médicaments. Mais ce qu'il faut surtout éviter, c'es
l'encombrement, c'est le séjour permanent autou
du malade d'individus qui, ne lui étant d'aucune
utilité, le fatiguent de leur bavardage et vicien
l'atmosphère. Deux ou trois personnes tout au plus
silencieuses et empressées, suffisent amplement à
tous les besoins, et il ne faudra pas en tolérer davantage.

Quand le malade aura soif, et à cause de sa
fièvre cela lui arrivera souvent, on lui fera boire
de la tisane de gomme, de mauve ou de violette.
Cette tisane sera peu sucrée, donnée en petite
quantité à la fois, deux ou trois cuillerées à bouche
tout au plus, et sera bue aussi brûlante qu'on
pourra la supporter, les boissons rafraîchissant
d'autant mieux qu'elles sont, non plus froides,
mais plus chaudes.

Tant que le malade a une fièvre violente, qu'il
manque d'appétit, que sa langue est large, blanche,
amère et pâteuse, il faut le tenir à la diète et ne
lui permettre aucun aliment solide, si facile qu'en
soit la digestion. Chez les adultes robustes, charnus
et gras, qui supportent aisément l'abstinence,
cette diète peut être absolue. Mais chez les sujets

faibles, maigres et débiles, chez les convalescents et les enfants, il faut se montrer moins sévère et songer à soutenir les forces. Dans ce cas, malgré la violence de la fièvre, on pourra remplacer la tisane par de l'*eau panée* faite par infusion d'abord, puis par décoction, cette dernière étant plus épaisse et plus nutritive. Enfin, chez les nouveau-nés on laissera prendre le sein toutes les fois qu'ils le désireront, même au plus fort de la maladie; les enfants à cet âge ayant absolument besoin d'être nourris, et leurs indigestions étant peu à craindre, grâce à la facilité avec laquelle ils vomissent.

Aussitôt qu'il y aura un peu de mieux et que la fièvre commencera à tomber, on donnera du bouillon. Ce bouillon sera d'abord très-léger, fait avec du poulet ou du veau pour les premières fois, et plus tard avec du bœuf. On aura soin de le bien dégraisser, de le saler peu et de n'y mettre ni panais, ni navet, ni poivre, ni girofle. On le donnera pour débuter en très-petite quantité, deux ou trois cuillerées à bouche, puis s'il est bien supporté, si surtout le malade, après l'avoir pris, se sent restauré, on en permettra davantage, mais en procédant toujours avec beaucoup de prudence et en n'augmentant que peu à peu sa force et sa quantité.

Quand les bouillons passent bien, qu'ils ne causent ni pesanteur d'estomac, ni envie de bâiller, ni redoublement de la fièvre, ni diarrhée, ni malaise, ni lassitude; quand, d'un autre côté, la fièvre com-

mence à tomber le matin et ne se montre plus que
dans l'après-midi et la soirée ; quand enfin la langue s'est nettoyée et que la bouche a perdu son
amertume, alors, et seulement alors, on pourra
ajouter aux bouillons quelques potages légers.
Ceux-ci seront faits au pain ou aux pâtes, au lait,
au beurre ou au bouillon, suivant le goût des malades. On aura soin de les bien cuire, d'y mettre
peu de sel et moins de beurre encore. Pour commencer, on les donnera en très-petite quantité,
trois ou quatre cuillerées à bouche ; puis, à mesure
que la fièvre tombera, que l'appétit renaîtra, que
les digestions seront plus faciles et que les forces se
rétabliront, on permettra des potages plus copieux
et plus épais, tout en continuant d'y mettre peu de
beurre et pas de jaune d'œuf.

Quand la fièvre a tout à fait cessé, que les
malades sont en pleine convalescence, qu'ils dorment bien, ont bon appétit et se plaignent seulement de leur faiblesse, si de plus les potages, même
copieux, sont parfaitement supportés et ne causent
ni pesanteur à l'estomac, ni renvoi, ni aigreur, ni
gonflement du ventre, ni coliques, ni diarrhée, ni
lassitude générale avec tendance à l'assoupisse-
ment, alors on pourra sans inconvénient donner
une nourriture plus substantielle ; un peu de pain,
un œuf à la coque, un blanc de poulet ou de poisson, de la purée de pomme de terre, de la pomme
cuite, des pruneaux, et en général tous les aliments
connus pour être d'une digestion facile. Ces ali-

ments seront bien cuits, préparés avec très-peu de beurre, de graisse et d'huile, sans friture, ni poivre, ni moutarde, et en y mettant seulement un peu de sel, de vinaigre, de citron ou de verjus. Mais, pour ces aliments solides, plus encore que pour les potages, il faudra procéder avec la plus grande circonspection et ne les donner d'abord qu'en très-petite quantité à la fois, et en tâtant avec prudence les forces de l'estomac. Si l'on s'aperçoit qu'ils sont mal supportés, qu'ils causent de la pesanteur, des bâillements, des éructations, des coliques et de la diarrhée, si surtout ils produisent un accès de fièvre, il faut aussitôt en diminuer la quantité ou même les supprimer complétement et revenir aux simples potages. Si, au contraire, ils passent facilement, s'ils profitent au malade, qui sent ses forces revenir plus vite à mesure qu'il mange davantage, on ne contrariera pas ces excellentes dispositions, mais on augmentera et variera chaque jour la nourriture, jusqu'à ce qu'une guérison complète permette de reprendre l'alimentation ordinaire.

Les erreurs de régime dans la pneumonie sont extrêmement dangereuses. Non-seulement elles enrayent la convalescence et retardent la guérison, mais elles peuvent encore causer des rechutes très-graves ou même mortelles. On se trouve donc placé entre deux écueils également redoutables : alimenter trop le malade ou ne pas le nourrir assez, lui donner des indigestions ou le laisser mourir de faim. La conduite à tenir est d'autant plus délicate

à tracer qu'il existe les plus grandes différences
entre les divers sujets, une alimentation trop copieuse pour l'un étant au contraire insuffisante pour
un autre.

On évitera avec certitude tous ces dangers en
procédant avec prudence et lenteur dans les changements de régime, et en ne passant de l'eau panée
aux bouillons, des bouillons aux potages, des potages aux aliments légers, et des aliments légers à
une nourriture ordinaire, que lorsque l'alimentation
qu'on va quitter est parfaitement supportée et ne
cause ni pesanteur à l'estomac, ni dérangement de
corps, ni torpeur, ni fièvre. En agissant ainsi, on
ne court absolument aucun danger, car un malade
qui prend pour ainsi dire à discrétion du bouillon,
du potage ou du poulet, suivant l'époque de la
maladie, n'est nullement exposé à mourir de faim
et acquiert au contraire chaque jour de nouvelles
forces.

A aucune période de la pneumonie, dans le
frisson pas plus que dans la fièvre ou la convalescence, il ne faut permettre des boissons spiritueuses
et excitantes, telles que l'eau rougie, le vin pur, la
bière, le thé, le café, le chocolat. Données dans le
fort de la maladie, toutes ces boissons amènent un
redoublement de la fièvre et augmentent l'étendue
et la gravité de l'inflammation. Permises en petite
quantité pendant la convalescence, lorsque la fièvre
est complétement tombée et que l'appétit est re-
venu, elles se montrent infiniment moins dan-

gereuses; mais, dans ce cas même, elles sont plus
nuisibles qu'utiles, et, bien loin de donner des forces
au malade, elles lui en ôtent. L'eau panée, malgré
son insipidité, est beaucoup plus fortifiante que le
vin le plus généreux, parce qu'elle contient les
principes les plus nutritifs du pain, principes qui
sont aussitôt absorbés et passent dans le sang. Ce
n'est que lorsque les malades seront tout à fait
rétablis qu'on pourra leur permettre de reprendre
leur boisson ordinaire, eau rougie, bière ou vin
pur; mais, tant que la santé n'est pas parfaite, il
faut renoncer à ces breuvages et boire en mangeant
de l'eau panée ou de la tisane, variant entre ces
boissons et choisissant celle que l'on préfère.

La même prudence qu'on a déployée dans le régime, il faut la mettre dans l'exercice à prendre.
Tant que le malade a de la fièvre, si légère et
si passagère qu'elle soit, on doit le laisser couché et ne le lever absolument que quelques instants et pour faire son lit quand cela est nécessaire.

Quand la convalescence est franchement déclarée
et la fièvre tout à fait tombée, que la peau est
fraîche, l'appétit bon et les digestions faciles, alors
seulement on pourra lever le malade. Mais avant,
il convient d'essayer sa force en le faisant asseoir dans son lit, le dos appuyé sur des tra-
versins. Si cette épreuve lui réussit, après l'avoir
laissé reposer pendant quelques moments, on
l'enveloppera dans une couverture et on le

portera dans un fauteuil, où on l'installera bien chaudement; il y restera une demi-heure environ, puis on le recouchera. Le lendemain, si le malade ne s'est pas trouvé fatigué la veille, on le laissera descendre du lit tout seul et faire quelques pas pour aller à son fauteuil, où il pourra demeurer cette fois une heure ou deux. Le surlendemain, en supposant toujours qu'il se trouve bien de l'exercice qu'on lui fait prendre, on lui permettra de s'habiller et on le laissera levé la demi-journée. Les jours suivants, on accordera plus d'exercice encore, et, au bout de la semaine, le malade pourra se lever toute la journée, se promener dans la chambre et vaquer déjà à quelques occupations.

C'est alors qu'on risquera une première sortie en voiture; si elle réussit, on en fera deux ou trois jours après une seconde, dans laquelle on permettra une petite promenade à pied. Mais ici, comme pour le régime, il est très-important de n'aller que progressivement et de mesurer exactement l'exercice qu'on ordonne aux forces du malade. Si celui-ci est le moins du monde fatigué de s'être levé, d'avoir marché, d'être sorti en voiture, s'il a mal dormi et surtout s'il a eu un peu de fièvre, il faut aussitôt le faire recoucher une bonne partie ou même la totalité de la journée. Bien loin de retarder l'époque de la guérison, cette conduite prudente l'avancera en prévenant les rechutes qui, trop souvent, viennent enrayer la convalescence, quand elles n'ont pas des conséquences plus graves encore.

Quel que soit le progrès des forces et la rapidité de la guérison, il ne faut pas se hâter de reprendre les travaux d'aiguille et de bureau, et, à plus forte raison, les occupations plus pénibles des divers métiers. Avant de se remettre au travail, on doit attendre que les forces soient complétement revenues et qu'on mène, depuis quelque temps déjà, son train de vie ordinaire; et si, la première fois qu'on reprend ses occupations, on ressent une forte courbature; si surtout on a un accès de fièvre, il faut renoncer momentanément à travailler et se reposer quelque temps encore. Cette conduite, bonne dans tous les cas, est surtout indispensable lorsque la pneumonie a été traitée énergiquement par des saignées, de l'émétique à haute dose et des vésicatoires, ce traitement laissant toujours après lui une grande faiblesse.

Les diverses précautions hygiéniques qu'on vient d'indiquer ont une importance différente, suivant l'âge des malades. Ainsi, les refroidissements sont surtout à craindre chez les vieillards, qui produisent peu de chaleur naturelle, et chez les petits enfants, qui se refroidissent aisément à cause de leur faible volume. Quant au régime, il faut nourrir plus tôt et plus abondamment les jeunes sujets qui ne sont pas encore formés, et surtout les enfants en bas âge qui ne peuvent pas supporter l'abstinence et à qui il faut donner à manger aussitôt que la fièvre commence à décliner. Les adultes et les vieillards résistent au contraire parfaitement bien à la privation des aliments; ils peuvent rester sans rien prendre pendant toute la durée de la fièvre, et, quand vient la convalescence, quelques bouillons et quelques potages suffisent largement à satisfaire leur naissant appétit.

Pour l'exercice, c'est tout le contraire de l'abstinence, les enfants le supportent très-bien. Dès qu'ils n'ont plus de fièvre et qu'ils commencent à manger, on peut les lever sans danger, et à peine ont-ils quitté leur lit depuis quelques jours, qu'on les voit jouer et courir comme en bonne santé. Les adultes, et surtout les vieillards, ont plus de peine à retrouver leurs forces perdues. Pendant longtemps ils sont faibles, ils ont les jarrets brisés à la moindre fatigue, souvent même ils ne reprennent jamais leur première vigueur et deviennent incapables de continuer les états pénibles auxquels ils se livraient avant d'avoir leur pneumonie.

Bien que les vieillards très-avancés en âge se plaisent dans leur lit et ne demandent qu'à y rester, il ne faut pas, quand ils sont malades, les laisser trop longtemps dans la position horizontale, car alors, bien loin de reprendre des forces, ils s'affaiblissent de plus en plus et finissent par ne plus se relever. Quand donc un vieillard est atteint de pneumonie, il faut, dès que vient la convalescence, le faire asseoir tous les jours, pendant quelques heures, dans un fauteuil ou plus sim-

plement dans son lit, et, grâce à cette précaution,
on évitera l'engorgement des poumons qui se produit si souvent chez les sujets avancés en âge,
quand ils restent immobiles sur le dos pendant
l'espace de quelques semaines.

PHTHISIE PULMONAIRE

TUBERCULES DES POUMONS, TUBERCULISATION PULMONAIRE, PHYMIE, PNEUMO-PHYMIE, CONSOMPTION PULMONAIRE, ÉTISIE, MALADIE DE POITRINE, RHUME NÉGLIGÉ.

La phthisie pulmonaire est l'inflammation tuberculeuse des poumons. Cette maladie se montre sous
un aspect différent, suivant qu'elle est plus ou
moins ancienne. A son début, le tissu du poumon
présente çà et là dans sa trame des dépôts de nature tuberculeuse, gros comme des têtes d'épingle
ou des pois. La matière de ces dépôts est grisâtre,
demi-transparente, lisse à la coupe et difficile à
écraser ; quand on la presse entre les doigts, on
dirait des grains de sable semés dans la substance
du poumon. Les dépôts eux-mêmes sont plus ou
moins abondants et serrés les uns contre les autres.
Tantôt isolés et englobés de tous côtés par les
tissus restés sains, ils se trouvent d'autres fois
juxtaposés en très-grand nombre et forment par
leur ensemble une grosse masse tuberculeuse. Dans
tous les cas, qu'ils soient petits ou volumineux,
isolés ou agglomérés, ils ne se bornent pas à re-
fouler autour d'eux la substance pulmonaire en
s'intercalant entre ses mailles, mais ils la détruisent entièrement et se substituent à sa place. Cette
destruction du poumon est un fait constant, et c'est

même ce qui donne tant de gravité à la phthisie
pulmonaire.

Après être restée un temps variable, dure, grisâtre et demi-transparente, la matière tuberculeuse
se transforme ; elle prend une coloration d'un blanc
jaunâtre, devient opaque et friable, se laisse écraser
plus facilement entre les doigts, et bientôt, se ramollissant tout à fait, elle forme une bouillie blanche
et claire pareille à du pus. Dans toute cette période
de ramollissement, la matière tuberculeuse, par sa
couleur et sa consistance, ressemble assez bien à
du fromage blanc qui serait d'abord presque sec,
puis qu'on délayerait peu à peu, de manière à en
faire du fromage à la crème de plus en plus clair.
Le ramollissement du tubercule débute toujours
par son centre, exactement comme les fruits qui
blétissent d'abord au milieu, près des pépins. Ce
n'est que plus tard qu'il gagne la circonférence, et
transforme tout le dépôt en une bouillie semi-
liquide où se trouvent çà et là quelques points plus
consistants.

Quand la matière tuberculeuse est suffisamment
ramollie, elle se détache du poumon, pénètre dans
une bronche, puis est immédiatement expectorée
sous la forme de crachats. A la place qu'elle occupait, il reste alors un vide, un creux, qu'on a dé-
signé sous le nom d'*excavation pulmonaire* ou de
caverne. Ces *cavernes* ont une étendue très-variable ;
le plus souvent, elles sont grosses comme une noisette où un œuf de pigeon ; parfois cependant elles

atteignent des dimensions plus considérables et occupent pour ainsi dire tout le poumon; dans d'autres cas, elles sont au contraire fort petites et éga-
lent à peine le volume d'un pois ou d'un grain de
millet.

Les *cavernes* sont presque toujours très-irrégu-
lières, très-anfractueuses, présentant de nombreux
recoins et de longs prolongements. On voit évidemment qu'elles résultent de la réunion de plusieurs
petites cavités ouvertes les unes dans les autres.
Ces *excavations pulmonaires* communiquent constamment avec les bronches qui ont servi à évacuer
leur contenu. Parfois entièrement vides, elles sont
habituellement plus ou moins pleines de mucosités
et de matières tuberculeuses réduites en bouillie.
Quant aux parois qui les limitent, quelquefois elles
se trouvent constituées par du tissu pulmonaire
resté sain; le plus souvent cependant, elles sont
infiltrées de tubercules qui seront expectorés plus
tard et augmenteront ainsi l'étendue de l'excavation primitive.

Disons enfin, pour compléter l'histoire des dépôts tuberculeux, qu'en se ramollissant ils enflamment autour d'eux les bronches et la plèvre, et
produisent ainsi deux nouvelles maladies : une
bronchite chronique et une pleurésie chronique,
qui viennent constamment compliquer la phthisie
pulmonaire et en font pour ainsi dire partie inhé-
rente.

En résumé, l'inflammation tuberculeuse présente

dans sa marche trois périodes ou degrés différents. Au premier degré, le tubercule est cru; il est dur, sec, et ressemble pour ainsi dire à un fruit encore vert. Dans le second degré, le tubercule a mûri et s'est ramolli; il a subi une modification analogue à celle qui se passe dans les fruits quand ils mûrissent et blétissent, et il se trouve bientôt transformé en une bouillie plus ou moins épaisse, semblable à du fromage blanc. Enfin, dans le troisième degré de la phthisie, la matière tuberculeuse a été détachée du poumon, puis expectorée, et elle a laissé à sa place une *caverne*, c'est-à-dire un vide où le tissu pulmonaire a complétement disparu et est remplacé par de l'air. C'est précisément, on l'a déjà dit, cette formation des cavernes qui rend la phthisie si dangereuse, le poumon étant un organe indispensable à la vie, qui ne saurait être détruit dans une étendue notable, sans qu'il en résulte une maladie nécessairement mortelle.

La phthisie pulmonaire est extrêmement fréquente, surtout dans les grandes villes où elle fait périr plus du quart de la population, sans compter qu'elle existe bien souvent chez des sujets qui en guérissent ou qui succombent d'une autre façon. C'est donc sans contredit de toutes les maladies la plus commune et la plus fréquemment mortelle, et il n'est aucune affection qui, sous ce rapport, puisse lui être comparée, même de loin.

La cause la plus importante et la plus ordinaire

de la phthisie pulmonaire, c'est l'hérédité. C'est une certaine faiblesse de la poitrine qu'on a reçue de ses parents en naissant, faiblesse qui peut rester longtemps sans effet fâcheux, mais qui devient apparente et donne lieu à une phthisie pulmonaire, aussitôt que l'on se trouve placé dans de mauvaises conditions hygiéniques.

L'hérédité de la phthisie est évidente lorsque le père ou la mère sont morts de la poitrine ou en sont actuellement atteints. Elle est encore tout aussi certaine lorsque les parents, sans être poitrinaires, présentent ou ont présenté une inflammation tuberculeuse d'un autre organe que le poumon : des glandes engorgées par exemple, des tumeurs blanches des articulations, des caries de la colonne vertébrale.

Mais bien souvent l'hérédité de la phthisie existe encore alors même que le père et la mère jouissent d'une excellente santé, ou qu'ils ont une toute autre maladie qu'une tuberculisation pulmonaire. Rien de plus ordinaire, par exemple, que de trouver des familles où tous les enfants meurent de la poitrine les uns après les autres, quoique leurs parents se portent parfaitement bien. Mais, dans ce cas, on retrouve toujours la phthisie chez un ascendant des enfants, un oncle ou une tante, un grand-père ou une grand'mère. On sait, en effet, que bien souvent la transmission du caractère et des traits du visage se fait en sautant une génération ou par voie collatérale. Il en est de même pour la phthisie, et l'on comprend très-bien qu'on puisse la tenir d'un parent éloigné, à qui du reste on ne ressemble pas, l'hérédité s'étant alors bornée à la transmission d'un mauvais poumon.

Quand il y a plusieurs enfants, tous n'héritent pas de la phthisie avec la même facilité. Si la mère est très-jeune, ce sont les premiers nés qui meurent poitrinaires, et les autres viennent bien, ou du moins succombent à un âge plus avancé. Si, au contraire, un des deux époux est déjà vieux, ce sont les derniers enfants qui périssent phthisiques, tandis que les aînés échappent à la maladie.

La prédisposition héréditaire à la phthisie, quand elle est très-prononcée, suffit à elle seule pour faire naître cette affection, malgré les soins les mieux entendus ; mais d'ordinaire elle est singulièrement favorisée par d'autres circonstanes qui viennent hâter l'éclosion de la maladie. Souvent même ces causes nouvelles ont une action si efficace, qu'elles produisent la tuberculisation pulmonaire seules, et sans qu'on puisse invoquer l'influence de l'hérédité.

Parmi ces causes de la phthisie, la plus active sans contredit, c'est la misère sous toutes ses formes, c'est une nourriture grossière, malsaine ou insuffisante, le défaut d'air et de lumière, le séjour dans des logements mal clos ou humides, dans des greniers, des caves et des rez-de-chaussée, l'exposition continuelle au froid, au vent ou à la pluie, le manque de vêtements convenables, les travaux excesifs

et portés au delà des forces, les nuits passées à travailler, etc., etc.

D'autres fois la phthisie est produite non par des
privations, mais au contraire par des excès de toute
espèce ; par l'usage immodéré du vin, de la bière,
de l'eau-de-vie, de l'absinthe, du café, du tabac,
par l'abus des plaisirs et les habitudes crapuleuses.

Dans d'autres cas, plus fréquents qu'on ne le suppose, la consomption pulmonaire est amenée par des
causes plus nobles, par des chagrins domestiques, des
ambitions déçues, des revers de fortune, des incli-
nations contrariées, des douleurs concentrées, toutes
circonstances qui détériorent profondément la santé
et ne prouvent que trop bien l'influence du moral
sur le physique.

Chez d'autres individus, l'apparition de la phthisie doit être rapportée à une maladie aiguë qui
a jeté les premiers germes de la tuberculisation
pulmonaire, ou du moins en a singulièrement fa-
vorisé l'éclosion. Toutes les affections aiguës, pour
peu qu'elles soient graves, peuvent devenir la source
d'une phthisie ; mais les suivantes, plus que les
autres, amènent ce fâcheux résultat. Ce sont : la
rougeole, la coqueluche, la fièvre typhoïde, la
pleurésie, la pneumonie, le croup, la variole et la
scarlatine. Parfois la phthisie succède immédiatement à ces diverses affections, si bien que les malades ne se relèvent pas ou ne quittent le lit que
pour s'y remettre aussitôt. Le plus souvent cependant, ils se guérissent, quoique lentement et

avec peine, et ce n'est qu'au bout de quelques mois ou même de quelques années qu'on les voit présenter les premiers symptômes de la tuber-culisation pulmonaire. Quant aux maladies chroniques, quelques-unes d'entre elles amènent la phthisie plus souvent encore que ne le font les affections aiguës; telles sont : le diabète sucré, les diarrhées et les dysentéries chroniques, les cachexies, les fièvres intermittentes, les lésions organiques du cœur, les bronchites chroniques, l'emphysème pulmonaire, et enfin les affections mentales.

A côté des maladies qui produisent la phthisie, il convient de ranger un certain nombre de fonctions physiologiques qui, tout en étant naturelles, n'en sont pas moins très-débilitantes. Je veux parler ici de la grossesse et de l'allaitement, qui tous deux sont une cause de phthisie des plus fréquentes, surtout quand ils se succèdent coup sur coup et que la mère, pendant qu'elle conçoit un enfant, en nourrit un autre. Très-souvent aussi, l'établissement des règles à la puberté et leur cessation à l'âge critique coïncident avec l'apparition des tubercules pulmonaires; mais alors cette dernière maladie est ordinairement la cause et non l'effet du trouble survenu dans la menstruation.

Une source de phthisie qui ne le cède pas en activité aux précédentes, et qui même est plus dangereuse, parce qu'elle s'adresse à des individus prédisposés à la tuberculisation ou déjà atteints par elle, c'est l'usage de tous les médicaments éner-

giques employés dans le traitement des diverses
maladies, et notamment de la phthisie elle-même,
tels que les saignées, les sangsues, les ventouses
scarifiées, les vomitifs, les purgatifs, les vésicatoires, les sétons, lès cautères, l'opium, la morphine, la codéine, la digitale, la belladone, l'atropine, la vératrine, le sulfate de quinine, les vapeurs
d'iode, l'iodure de fer, l'iodure de potassium, l'huile
de foie de morue, les sirops antiscorbutiques, le vin
de quinquina, etc. Sans doute toutes ces préparations, administrées à un sujet dont la poitrine est
robuste, ne sauraient le rendre phthisique et restent
alors sans effet ou produisent une autre maladie,
une apoplexie cérébrale par exemple, une inflammation de la moelle épinière ou une affection du
cœur ; mais, si tous ces médicaments sont pris par
des personnes déjà atteintes par la phthisie, celle-ci,
bien loin d'être diminuée, sera accrue, et cela d'autant plus que les susdits remèdes seront admi-
nistrés pendant plus longtemps et avec plus de profusion.

A côté des médicaments qu'on vient d'énumérer,
on peut ranger, comme causes de phthisie, certains
métiers où l'on manipule le mercure et le plomb,
tels que les états de peintre en bâtiments, d'ouvrier
cérusier, de doreur, d'étameur sur glace, de pré-
parateur de poils de lapin, etc. Notons encore,
parmi les professions favorables à la phthisie,
toutes celles où l'on respire des poussières et
des vapeurs irritantes, professions très-nombreuses

et qui ne sont peut-être pas étrangères à la grande fréquence de la tuberculisation pulmonaire.

La phthisie est plus commune de vingt à quarante ans qu'à tout autre âge. C'est en effet à cette époque qu'on commence à travailler, qu'on fait des excès, que les femmes ont des enfants, toutes circonstances favorables à la production des tubercules. Cependant beaucoup de sujets sont tellement prédisposés par hérédité à devenir poitrinaires, qu'ils ne peuvent atteindre la puberté et succombent en bas âge, parfois même quelques jours après leur naissance.

Quant aux vieillards, c'est chez eux que la phthisie est le plus rare, non que les années soient un préservatif contre elle, mais parce que la plupart des individus faibles de poitrine meurent dans leur jeunesse ou leur maturité, et ne peuvent arriver à la vieillesse.

Les femmes sont notablement plus sujettes que les hommes à la phthisie pulmonaire, et, chez elles, cette maladie est en même temps plus rapide dans sa marche et plus fatale dans ses conséquences. Cela me paraît tenir à ce que la femme est seule exposée à deux causes très-actives de tuberculisation : la grossesse et l'allaitement.

La phthisie existe dans tous les pays et sous tous les climats, cependant elle est plus rare à la campagne et dans les régions très-chaudes, très-froides ou très-montagneuses. Par contre, elle est plus fré-

quente chez les peuples très-civilisés : en France,
en Angleterre, en Belgique et en Allemagne, ce
qui tient non au climat de ces contrées, mais aux
difficultés matérielles de la vie amenées par un
excès de civilisation.

La phthisie pulmonaire n'est pas contagieuse, et
l'on peut vivre intimement pendant des années
avec des personnes phthisiques, sans jamais contracter leur maladie. Si parfois l'on voit le mari
et la femme mourir coup sur coup de la poitrine,
cela est dû uniquement à une coïncidence ou à la
vie de misère et de privations que l'on a menée en
commun.

Les individus prédisposés à la phthisie, surtout
ceux chez qui cette maladie est héréditaire, présentent souvent une conformation extérieure et une
manière d'être qui font deviner au premier aspect
le mal dont ils sont menacés. Les sujets qui doivent mourir de la poitrine sont ordinairement
minces, maigres et délicats, plutôt grands que
petits, mais mal proportionnés, le cou trop long
pour la tête, les membres trop minces pour le corps,
les mains et les pieds trop grands pour les membres. La poitrine est maigre, osseuse, décharnée,
étroite des épaules, aplatie en avant, surtout au-
dessous des clavicules, tandis qu'en arrière, les
omoplates se détachent fortement des côtes, en formant de chaque côté de la colonne vertébrale comme
deux petites ailes. La peau est blanche, douce et

fine ; les mains grêles avec les doigts renflés en
massue à leur extrémité, et les ongles recourbés ; la
voix aiguë et forte, nullement en rapport avec la
faiblesse de la poitrine ; la figure souvent jolie ou du
moins agréable ; le teint clair et uni ; les cheveux
longs et fins, les dents belles, quoique se gâtant facilement ; les cils longs et incurvés ; les yeux vifs,
pleins d'expression, avec le blanc un peu bleuâtre,
ce qui donne au regard beaucoup de tendresse. Enfin,
un caractère sociable et affectueux, une intelligence
vive et précoce, des dispositions aux sciences et aux
arts, une âme ouverte à tous les nobles sentiments,
promettent aux phthisiques une vie bien employée,
et font regretter encore plus que la maladie vienne
arrêter l'essor de ces belles facultés et les rendre
inutiles. Bien entendu, tous ces signes de la phthisie ne se trouvent jamais réunis chez le même
individu. Les uns ou les autres font défaut, mais
ceux qui subsistent suffisent pour former un ensemble qui n'est que trop reconnaissable. D'un
autre côté, on peut présenter quelques-uns des caractères indiqués, avoir par exemple les épaules
étroites, les cils longs, la figure jolie, l'intelligence précoce, sans être pour cela condamné à
mourir de la poitrine ; car ce qui est fâcheux, ce
n'est pas tel ou tel signe, c'est leur ensemble.

Parfois la phthisie débute d'emblée chez des sujets
bien portants, dont la santé n'a jamais inspiré d'inquiétudes, et qui même jusque-là n'ont pas été malades une seule fois. Le plus souvent cependant,

les individus marqués pour la phthisie sont faibles,
délicats et maladifs ; presque toujours ils ont eu
dans leur enfance des maux d'yeux, des écoule-
ments d'oreilles, des engelures aux mains et aux
pieds, plus douloureuses et plus tenaces que de coutume, des glandes au cou, des gerçures au nez et
aux lèvres, le ventre gros, rempli de gaz et se dé-
rangeant facilement ; presque toujours ils s'enrhu-
maient régulièrement tous les hivers et guérissaient
avec peine de leurs bronchites ; enfin, il est bien
rare qu'ils n'aient point été atteints par quelque
maladie grave, une coqueluche, une rougeole, une
scarlatine, une fièvre typhoïde, une pneumonie,
une pleurésie, maladies qui se sont fait remarquer
par la faiblesse qu'elles avaient amenée et par la
lenteur de la convalescence.

Premier degré de la phthisie. Quoi qu'il en soit,
que la phthisie survienne chez des sujets bien
portants ou chez des individus déjà maladifs, le
premier signe qui l'annonce, non au poitrinaire qui
ne se doute de rien, mais à ceux qui l'entourent,
c'est la toux. Celle-ci est sèche, très-discrète,
très-légère, ne donnant lieu à aucune douleur,
à aucune fatigue : elle consiste en deux ou trois
toussottements qui se produisent sans effort et
si naturellement, que bien souvent le malade ne
s'en aperçoit pas et que son sommeil n'en est
nullement troublé. Cette toux, ordinairement plus
fréquente le matin et dans la soirée, est notable-

ment accrue par les efforts musculaires et les émotions morales. Elle est évidemment causée par la présence des dépôts tuberculeux, qui irritent la muqueuse des bronches et y font naître une légère inflammation chronique. Ainsi que je l'ai dit, elle est d'abord sèche et indolente, mais, par suite des progrès continuels de la bronchite, elle devient au bout de quelques mois plus fatigante, plus douloureuse et plus humide. Le malade se plaint alors d'une douleur fixe, siégeant dans la poitrine entre les deux épaules. En même temps il expectore des crachats tantôt liquides, filants et écumeux comme de la salive battue, ou bien au contraire épais, muqueux, jaunâtres ou verdâtres. Quelquefois la phthisie débute par cette toux humide et quinteuse, c'est ce qui arrive par exemple chez les sujets qui se soignent mal, s'exposent au froid ou se livrent à des excès; dans ce cas, la maladie est toujours beaucoup plus dangereuse que lorsqu'elle a commencé par une toux sèche.

A ce moment, alors que la toux dure déjà depuis plusieurs mois, il survient ordinairement une hémoptysie qui justifie les craintes qu'on avait et confirme l'existence de la phthisie. Quelquefois cependant le crachement de sang est le premier symptôme de la tuberculisation des poumons et se montre avant la toux, mais cela est rare. Cette hémoptysie des poitrinaires est causée par la présence des dépôts tuberculeux qui ulcèrent les vaisseaux placés dans leur voisinage; elle est ordinairement peu abondante, et consiste seulement en deux ou trois gorgées de sang formant une écume rosée. Dans certains cas cependant, elle est plus considérable, et peut même amener la mort lorsque l'ulcération tuberculeuse a intéressé un vaisseau important. Le crachement de sang de la phthisie est généralement de courte durée et cesse au bout de quelques heures ; mais il se reproduit volontiers quelques semaines ou quelques mois plus tard, ne laissant par sa répétition aucun doute sur la nature de la maladie.

Si, à cette époque, on examine attentivement le malade à l'aide de la percussion ou de l'auscultation, on constate ce qui suit : en percutant la poitrine au niveau du sommet des poumons, c'est-à-dire au-dessous de la clavicule en avant, au-dessus de l'omoplate en arrière, on y trouve une *matité* et une *résistance au doigt*, qui sont causées par la présence des tubercules infiltrés dans le tissu pulmonaire, et qui annoncent d'une manière certaine un commencement de phthisie. Cette obscurité du son est très-légère, souvent même elle ne se montre que d'un côté, et c'est alors habituellement le côté gauche. Si l'on ausculte dans les points où l'on a trouvé la *matité*, on constate que le bruit de la respiration y est plus sec, plus rude et plus prolongé qu'à l'état normal, la matière tuberculeuse qui farcit le poumon conduisant mieux le son que ne le fait le tissu pulmonaire lui-même. Quelquefois cependant le bruit respiratoire, au lieu d'être plus

fort et plus râpeux, est au contraire notablement
affaibli ; mais c'est qu'alors il s'est produit dans la
plèvre une fausse membrane épaisse qui s'oppose
à la transmission du son et assourdit le retentisse-
ment de la respiration.

Tant que la toux de la phthisie reste sèche, l'auscultation ne dénote pas autre chose que cette rudesse
et cette prolongation du bruit respiratoire. Mais,
lorsque la toux devient humide, on entend derrière
les clavicules et en haut des omoplates, des râles
ronflants, sibilants et muqueux, signes d'une bronchite chronique. Ces râles, lorsqu'ils sont exactement limités aux sommets des poumons, ont la si-
gnification la plus précise et la plus fâcheuse ; ils
indiquent l'existence d'une phthisie commençante,
la bronchite chronique simple et non tuberculeuse
n'étant jamais bornée à une petite partie du poumon, mais s'étendant toujours à la totalité de ces
organes.

En même temps qu'on observe ces symptômes
locaux et ces altérations matérielles du côté de la
poitrine, la santé générale s'altère, légèrement il est
vrai, mais cependant d'une façon très-marquée.
Les malades pâlissent, maigrissent et s'affaiblissent ;
les moindres travaux, les moindres émotions leur
donnent des palpitations, et pour peu qu'ils courent,
qu'ils montent ou qu'ils fatiguent, ils se trouvent
tout essoufflés. Leur appétit est irrégulier, rien
ne leur semble bon, le manger leur pèse sur
l'estomac, leur corps se dérange facilement, enfin

ils perdent leur gaieté, deviennent injustes, iras-
cibles, maussades, et sans qu'ils en aient conscience, ils font souffrir tous ceux qui les entourent
du mauvais état de leur santé.

Cependant, malgré leur affaiblissement et leur
toux continuelle, malgré même les hémoptysies
qui, il est vrai, les effrayent davantage, le plus
grand nombre des phthisiques, tant qu'ils ne sont
qu'au premier degré de leur affection, ne soupçon-
nent pas la gravité du mal qui les menace et ont
sur leur santé la sécurité la plus trompeuse. Quand
on les presse de se soigner, de mettre plus de régularité dans leur vie, moins d'ardeur dans leurs
plaisirs et leurs travaux, ils répondent qu'ils ne
sont pas malades et qu'ils ne vont pas pour un
simple rhume renoncer à toutes leurs habitudes.
Naturellement personne n'ose leur dire que leur
toux n'est pas celle d'un simple rhume. Ils continuent donc à commettre imprudences sur imprudences, excès sur excès, et font pour ainsi dire tout
ce qu'ils peuvent pour faire passer leur phthisie
de son premier à son second degré.

Deuxième degré de la phthisie. A cette époque de la
maladie la toux change de caractère. Elle reste toujours humide, mais elle se montre plus douloureuse
et surtout plus fréquente. A la moindre fatigue, à
la plus légère émotion, elle éclate en quintes interminables qui secouent péniblement toute la poitrine
et laissent après elles un grand abattement. Ces

quintes se montrent habituellement plus fortes et plus nombreuses après chaque repas, et quand elles sont tant soit peu violentes, elles font vomir les aliments et les boissons qu'on vient de prendre.

En même temps qu'il tousse davantage, le phthisique au second degré se plaint de douleurs dans la poitrine. En général, ces douleurs siégent dans le côté et souvent elles se déplacent brusquement, quittant un côté pour aller dans l'autre. Ordinairement très-supportables, elles sont parfois extrêmement aiguës, au point d'arracher des cris au malade; mais cela ne dure pas, et au bout de deux ou trois jours le calme se trouve rétabli. Ces douleurs sont provoquées par l'inflammation de la plèvre et des nerfs intercostaux, inflammation qui de temps en temps devient plus aiguë et produit alors des souffrances plus vives.

Dans le premier degré de la phthisie, les crachats, expectorés étaient muqueux et pareils à ceux de la bronchite. Avec les progrès de la maladie, ils changent de caractère : épais, opaques, bien homogènes et privés d'air, ils ont une forme arrondie ou déchiquetée sur les bords et sont le plus souvent blancs, diffluents, semblables a du pus et composés par de la matière tuberculeuse ramollie. Parfois cependant, on y trouve des parcelles d'une substance blanche pareille à du riz cuit et qui n'est autre chose qu'un fragment de tubercule encore cru. D'autres fois ils sont striés de lignes jaunes ou ro-

sées, qui leur donnent un aspect panaché des plus
caractéristiques. En même temps que ces diverses
matières, les malades expectorent habituellement
des crachats blancs aérés et muqueux, ainsi qu'une
quantité variable d'un liquide filant et mousseux,
semblable à de la salive battue, crachats et liquide
qui n'ont rien de particulier et proviennent de la
bronchite chronique développée par la présence des
tubercules dans le poumon,

Les crachements de sang qui signalent si constamment le début de la phthisie, manquent ordinairement dans le second degré de la maladie, ou
du moins y sont très-rares et peu abondants. Cela
vient de ce que les vaisseaux voisins des dépôts tuberculeux finissent à la longue par s'enflammer ;
or, cette inflammation a pour premier effet de coa-
guler le sang contenu dans leur intérieur, ce qui
rend évidemment toute hémorrhagie impossible.

Si chez le phthisique arrivé au second degré on
percute la poitrine, on trouve aux sommets des
poumons, principalement en avant, au-dessous de
la clavicule, une *matité*, une *résistance au doigt*
plus prononcées et plus étendues qu'elles ne l'é-
taient auparavant. Maintenant cette *matité* existe
dans les deux poumons, seulement elle est d'habitude plus marquée à l'un des sommets ; de plus la
percussion, quand on l'exécute avec force, est souvent douloureuse, ce qui n'avait jamais lieu dans le
premier degré de la phthisie.

L'auscultation pratiquée dans les mêmes points

que la percussion y fait entendre des bruits caractéristiques qui indiquent le ramollissement de la
matière tuberculeuse contenue dans le poumon.
Ce sont des espèces de petits *craquements* qui se succèdent rapidement, au nombre de deux ou trois,
puis restent quelque temps sans se produire. Ces
craquements, d'abord *très-secs*, se montrent de plus
en plus *humides*, à mesure que la matière tuberculeuse perd de sa consistance et devient plus molle ;
ils ont une grande valeur comme signe de tuberculisation pulmonaire, et quand on a pu les constater d'une manière certaine, la phthisie doit être
considérée comme non douteuse. En même temps
que les *craquements*, on entend des *râles ronflants,
sibilants* et *muqueux* qui appartiennent à la bronchite chronique développée autour des productions
tuberculeuses, et qui, sauf leur siége aux sommets
des poumons, n'offrent rien de particulier à la
phthisie.

Cependant la destruction des poumons augmentant toujours, par suite du ramollissememt de nouveaux tubercules, il en résulte un trouble profond
de la santé, qui donne naissance à une fièvre lente.
Celle-ci est d'abord très-fugitive, à ce point que
les malades ne s'aperçoivent pas de son existence.
Elle consiste en un petit frisson qui vient après le
repas et auquel succèdent un peu de chaleur au
visage et dans la paume des mains, un peu de courbature et une légère altération. Pour commencer,
ces petits accès de fièvre n'ont lieu qu'excep-

tionnellement, lorsqu'on s'est fatigué ou qu'on a
commis quelque excès ; plus tard ils se montrent
tous les jours, ou même deux fois par jour, après
chacun des repas. Ils sont alors mieux caractérisés
et s'annoncent par un frisson suivi d'une chaleur
générale et de sueurs abondantes qui ont lieu
principalement pendant le sommeil et fatiguent
beaucoup les malades.

L'apparition de la fièvre dans la phthisie est on
ne peut plus fâcheuse et augmente singulièrement
sa gravité. Sous cette influence pernicieuse, les poitrinaires maigrissent et s'affaiblissent de plus en
plus. Ils perdent leur activité et leur bonne humeur, se dégoûtent de leur profession et ne trouvent plus de plaisir à leurs délassements ordinaires. Leur appétit est capricieux, ils ne peuvent
mettre de régularité ni dans les heures de leurs
repas, ni dans la quantité de leurs aliments ;
souvent, pendant la digestion, ils éprouvent une
pesanteur à l'estomac ou même une douleur des
plus vives ; bien souvent aussi, ils ont des coliques et de la diarrhée. Mangeant peu et ne pro-
fitant pas de ce qu'ils mangent, dormant mal et
se réveillant le matin plus fatigués qu'ils n'étaient
le soir en se couchant, ils voient leurs forces décliner tous les jours, et s'inquiétent de ce changement.
Croyant alors, non sans raison, qu'ils sont attaqués
de la poitrine, ils commencent à se préoccuper
de leur santé et s'exagèrent même la gravité de
leur mal, s'imaginant à tort qu'ils sont irrévoca-

blement condamnés, et à la veille de mourir. C'est alors qu'on les voit courir de médecin en médecin, commençant vingt traitements sans en achever aucun, et trouvant toujours qu'on ne les guérit pas assez vite, tout en répétant que leur maladie est déjà trop avancée pour qu'on puisse les sauver. Ces alarmes, du reste, ne sont pas sans fondement, et quoique la phthisie, même à la fin du second degré, soit encore très-curable, elle n'en est pas moins déjà une maladie redoutable qui met la vie dans le plus grand danger. Pour s'en convaincre, il suffit de regarder le phthisique. Tout dans sa personne, alors même qu'il continue son travail et qu'il ne s'est pas encore alité une seule fois, tout dénote chez lui une grave atteinte des forces vitales et un délabrement profond de la santé. L'amaigrissement des membres, la mollesse des chairs, la brièveté de l'haleine, l'essoufflement de la voix, la paresse et la lenteur des mouvements, enfin l'expression indéfinissable de souffrance intérieure et d'affaissement général que respire tout son être, indiquent clairement, même aux personnes les plus étrangères à la médecine, toute la gravité du mal, et font reconnaître du premier coup d'œil l'existence de la phthisie rien qu'au visage et sans qu'on ait besoin d'aucun renseignement.

Troisième degré de la phthisie. A mesure que les cavernes se creusent et intéressent une plus grande étendue du poumon, à mesure surtout que la fièvre

se montre plus intense et plus continuelle, la phthisie
revêt un nouvel aspect et passe à la troisième période.

D'abord c'est la toux qui devient continue, in-
cessante, et enlève tout repos. Le malade ne peut
plus ni parler, ni manger, ni boire, ni marcher, ni
faire pour ainsi dire quoi que ce soit, sans être pris
aussitôt de quintes terribles. Ces quintes sont toujours plus prononcées pendant le travail de la digestion et la nuit dans le fort de la fièvre. Après
chacune d'elles, il se produit un peu de calme dû, non
à un mieux réel, mais à l'anéantissement provoqué
par les efforts de la toux. Dans l'intervalle des
quintes, la respiration est brève, haletante, précipitée, et elle s'accélère encore chaque fois que le
malade fait des mouvements un peu vifs, qu'il
marche vite, qu'il monte un escalier ou qu'il
éprouve une émotion. Beaucoup de phthisiques cependant, lorsqu'on les interroge, affirment qu'ils
ne sont nullement oppressés, que leur respiration
est parfaitement libre, et cela alors même que leur
poumon est creusé de vastes cavernes. Mais c'est là
un manque de conscience de leur état, et si l'on fait
courir ou seulement parler un peu vite ces malades
qui se prétendent la poitrine si solide, on les voit
aussitôt perdre l'haleine et s'arrêter pour respirer.

Quelquefois, malgré les désordres matériels existant dans le poumon, il n'y a aucune douleur à
la poitrine. Le plus souvent cependant, les malades ressentent au dos et à l'estomac un endolo-
rissement continuel qui devient plus prononcé

chaque fois qu'ils toussent, qu'ils rient ou qu'ils respirent profondément. Souvent aussi, ils éprouvent dans un des côtés des douleurs extrêmement aiguës et comme névralgiques, mais qui ne durent avec cette violence que deux ou trois jours et font alors place à des souffrances plus supportables.

Les crachats, à la période de la phthisie qui nous occupe, ont aussi des caractères particuliers. Ils sont grisâtres, sales, semblables à de la purée, et exhalent une odeur fétide. Parfois ils manquent pendant quelques jours, puis ils sont rendus en grande masse, grâce à l'évacuation subite d'une vaste caverne qui s'est ouverte dans les bronches et y a vidé son contenu. Rarement, à ce degré de la phthisie, il se produit des hémoptysies; quand cela arrive, elles annoncent habituellement une mort prochaine. Elles sont alors peu abondantes, et le sang, qui les compose, se mélange intimement avec les crachats et leur communique une teinte rosée.

Si, à ce moment de la phthisie, on examine la poitrine, on la trouve plus maigre, plus rétrécie qu'à la période précédente. Les omoplates, les côtes, les clavicules, font saillie sous la peau, tandis que la fonte des chairs et de la graisse produit un creux profond sur chaque côté du cou. En percutant le haut de la poitrine, même avec beaucoup de légèreté, on provoque, sinon une douleur vive, du moins un ébranlement douloureux; en même temps on constate dans ces régions une *ma-*

tité plus étendue et plus complète qu'auparavant, et qui maintenant est aussi prononcée d'un côté que de l'autre. Enfin, lorsqu'il existe de vastes cavernes remplies d'air, la percussion faite à leur niveau produit un bruit particulier de *pot fêlé*, qui est dû à la résonnance des gaz renfermés dans une cavité à parois minces et solides.

Si on ausculte la poitrine au niveau de la *matité*, là où existent les *cavernes*, on trouve à la respiration un timbre particulier tout à fait caractéristique, qui indique d'une manière certaine la présence d'une cavité creusée dans l'intérieur du poumon. Cette respiration est *caverneuse*, elle ressemble au bruit que l'on fait en soufflant dans une cruche vide : aussi lui a-t-on donné le nom de *respiration amphorique*, d'un mot grec qui veut dire cruche. La voix, la toux, écoutées en mettant l'oreille sur la poitrine juste au niveau des *excavations* tuberculeuses, présentent de même le caractère *caverneux ;* de plus, elles sont toutes deux plus retentissantes que de coutume et arrivent directement dans l'oreille, exactement comme si elles venaient non du larynx, mais des profondeurs mêmes de la poitrine. Cette résonnance plus grande de la voix et de la toux a reçu le nom de *pectoriloquie*. Elle est due à la vibration des sons qui se renflent et se répercutent dans une excavation pleine d'air, dont les parois solides sont formées de tubercules non ramollis. Parfois cette *pectoriloquie* est si prononcée que le malade en parlant semble vous crier dans l'oreille et que le tympan s'en trouve douloureusement affecté.

Si la caverne s'est entièrement vidée dans les bronches, elle ne donne que les signes indiqués tout à l'heure ; mais, quand elle est à moitié pleine de mucosités ou de tubercules ramollis, il n'en est plus de même. Dans ce cas, la respiration et surtout la toux produisent un *râle* à grosses bulles et à timbre caverneux, auquel on a donné le nom de *râle caverneux* ou de *gargouillement*. Parfois ces *râles* disparaissent tout à coup après une expectoration abondante qui a vidé les *cavernes* de leur contenu, puis ils se montrent comme auparavant, aussitôt que les *excavations* tuberculeuses se sont de nouveau remplies grâce au ramollissement de leurs parois.

Enfin, quand des *cavernes* très-vastes sont pleines d'air, et qu'elles rendent par la percussion un son de *pot fêlé*, l'auscultation y fait souvent entendre un bruit nouveau, le *tintement métallique* qui se produit chaque fois que le malade tousse ou qu'il respire profondément.

Naturellement tous ces signes physiques des *cavernes*, d'abord limités aux sommets des poumons, suivent pas à pas les progrès des *excavations* pulmonaires, et quand on les entend dans toute l'étendue de la poitrine, c'est que le poumon est détruit dans sa totalité et que la mort est proche.

Cependant, par suite de la désorganisation croissante des poumons, la fièvre qui existait déjà, mais

était peu prononcée, la fièvre acquiert plus de violence et revient régulièrement tous les jours. Elle
donne lieu à des accès parfois aussi bien réglés que
ceux de la fièvre intermittente et composés comme
ceux-ci des trois *stades* de frisson, de chaleur et de
sueur. Ces accès commencent quelquefois dans la
matinée, mais le plus souvent ils se produisent à
l'approche de la nuit, de trois à six heures du soir.
Ils s'annoncent par une sensation de froid ou même
un véritable frisson, avec claquement des dents et
tremblement des membres, puis il survient une
chaleur vive et incommode de la peau, une accélération du pouls et de la respiration, une sécheresse de la bouche et une fatigue dans les membres
qui sont comme courbaturés. Par suite de l'exci-
tation factice causée par la fièvre, les phthisiques se
sentent plus forts et plus gais; leurs yeux s'allument et brillent d'un éclat sinistre; leurs pommettes
se colorent et leur donnent une apparence de bonne
santé, apparence bien trompeuse, car c'est alors
qu'ils sont au plus mal. Cette fièvre dure toute la
soirée; les malades se couchent avec et ne tardent
pas à s'endormir; mais, le matin, après quatre ou
cinq heures d'un sommeil agité, ils sont réveillés
par une sueur qui termine l'accès. Cette sueur a
lieu principalement à la tête, à la poitrine et au cou;
elle est parfois peu abondante et se réduit à une
simple moiteur; mais, le plus souvent, elle est
beaucoup plus copieuse et ruisselle à la surface du
corps, mouillant le gilet de flanelle, la chemise et

les draps, comme si on les avait trempés dans l'eau.
Aussi est-il parfois nécessaire de changer le linge
des malades à plusieurs reprises.

Ces accès de fièvre, et surtout les sueurs abondantes qui les terminent, affaiblissent beaucoup les
phthisiques et aggravent singulièrement leur état.
Sous leur influence, les malades maigrissent rapidement; ils perdent ce qui leur restait de force,
tombent en langueur, restant couchés ou assis toute
la journée et se sentant exténués dès qu'ils se
donnent un peu de mouvement. Quelques-uns cependant, doués d'une énergie morale vraiment sur-
prenante, et ce sont ordinairement des femmes,
continuent d'aller, de venir et même de se livrer
à leurs travaux accoutumés, mais c'est au prix des
plus grands efforts; ils sentent bien qu'ils font au
delà de ce qu'ils peuvent, et, comme ils le disent si
tristement, ce n'est pas l'envie de travailler qui leur
manque, c'est la force.

Arrivés à ce degré de la phthisie, les poitrinaires
perdent habituellement l'appétit et sont mis ainsi
dans l'impossibilité de réparer l'affaiblissement
causé par les accès de fièvre et les sueurs nocturnes.
Leur bouche est sèche et mauvaise, leur langue
rouge à son extrémité et comme pelée sur les
bords; ils ne trouvent rien de bon et on les voit
rejeter sans y goûter les mets qu'ils ont demandés
avec passion et impatiemment attendus; le peu
qu'ils mangent et boivent leur pèse sur l'estomac
ou est bientôt vomi à la suite d'une quinte de

toux. Enfin il existe souvent des douleurs vives à
l'épigastre, des coliques et de la diarrhée ; mais ces
trois accidents sont moins le fait de la phthisie
même que des médicaments à l'aide desquels on
croit la combattre, tels que l'huile de foie de morue,
le vin de quinquina, l'iodure de fer, et toutes ces
potions, ces pilules, ces sirops et ces pâtes contenant
de l'opium, de la morphine, de la codéine, du lactucarium ou quelque autre narcotique. Ces divers
remèdes ont en effet pour résultat d'enlever l'appétit, d'enflammer l'estomac, de provoquer la diarrhée chez les personnes bien portantes, et leur action
devient bien autrement nuisible lorsqu'il s'agit de
phthisiques qui ne sont déjà que trop enclins à
se dégoûter de leurs aliments et à digérer mal.
Cependant certains poitrinaires, soit qu'ils aient
l'estomac plus fort, soit qu'ils aient été plus sobres
de médicaments, mangent avec appétit jusqu'à leur
dernière heure et n'ont jamais le corps dérangé ;
c'est même là pour eux une circonstance très-
favorable, car leur vie s'en trouve notablement
prolongée.

Chez les femmes phthisiques encore en âge d'être
réglées, en même temps que la fièvre se déclare et
que la digestion se trouble, les règles se suppriment.
Celles-ci, d'abord moins abondantes, sont précédées
et suivies pendant quelques jours par un écoulement muqueux, puis elles cessent tout à fait, en
faisant place à des flueurs blanches qui elles-mêmes
ne tardent pas à disparaître.

Cependant, sous l'influence combinée de la fièvre, des sueurs profuses, du manque d'appétit et de la diarrhée, les poitrinaires, s'étiolant de plus en plus, arrivent au dernier degré de faiblesse et tombent dans le marasme; le sang devient aqueux, ce qui amène un œdème des pieds et des jambes; le nez s'effile et s'amincit; les yeux, brillants du feu de la fièvre, se cerclent de bistre et s'enfoncent profondément dans les orbites; les pommettes, devenues saillantes par la maigreur du visage, se plaquent de rouge comme si elles étaient fardées, ce qui contraste avec la pâleur du reste de la figure; les lèvres, minces et serrées contre les dents, sont entr'ouvertes par une sorte de sourire triste, qui fait mal à voir tant il est navrant; la parole est hésitante, traînante, pénible, entrecoupée; la voix cassée, rauque ou éteinte; la poitrine, osseuse, décharnée, réduite pour ainsi dire à son squelette, se soulève haletante au moindre mouvement; le ventre creux, plat, semble toucher à la colonne vertébrale; les membres, en apparence allongés par suite de leur maigreur, sont réduits au tiers ou au quart de leur volume, sauf cependant au niveau des articulations qui ont conservé leur grosseur ordinaire et rendent ainsi l'amaigrissement plus sensible; les hanches, les côtes, les omoplates, l'épine dorsale, font saillie sous la peau, menaçant de la percer et la perçant en effet dans les points sur lesquels le malade est resté couché; enfin la peau, flasque et amincie, d'un jaune-citron ou

d'une pâleur blafarde, semble collée immédiatement sur les os, tant la maigreur est grande, car
la phthisie est une des affections où le marasme
est porté le plus loin et où les malades, arrivant au
dernier degré de consomption, traînent le plus
longtemps en se cramponnant avec opiniâtreté à
ce qui leur reste de vie.

Malgré son épuisement progressif, malgré sa
faiblesse chaque jour plus grande, le phthisique
n'est nullement démoralisé et ne désespère pas de
se rétablir. Au contraire, plus son état s'aggrave,
plus il semble assuré de sa guérison. Il n'a plus
d'inquiétude sur sa santé comme auparavant, mais
il est plein de foi dans l'efficacité de son traitement,
et dans le talent de son médecin ; il parle sans
cesse de ce qu'il fera quand il sera guéri et il se
berce encore de projets lointains et de longs travaux à entreprendre, alors qu'il lui reste à peine
quelques minutes à vivre. Du reste cette mort du
poitrinaire, quoique attendue depuis longtemps,
arrive souvent d'une manière si imprévue, qu'elle
surprend les assistants comme le phthisique lui-
même. Tout d'un coup, à la suite d'un mouvement
brusque, au milieu d'une phrase, au milieu d'un
mot, le malade pâlit, il tombe en faiblesse, il cesse
de respirer et il n'est déjà plus, alors qu'on attend
encore qu'il ait achevé de parler. D'autres fois, au
contraire, la mort est annoncée un ou deux jours
d'avance par le redoublement de l'oppression, la
difficulté extrême de la parole, la petitesse et l'ir-

régularité du pouls, les sueurs froides couvrant la poitrine; puis la respiration s'embarrasse, le malade perd connaissance et s'éteint après une courte agonie. Certains poitrinaires cependant jugent plus sainement de leur état ; quelques instants avant de mourir, ils prennent leurs dernières dispositions, disent adieu à leurs parents, à leurs amis, remercient ceux qui les ont soignés, et sont remarquables par la tranquillité souriante et la résignation sereine avec lesquelles ils renoncent à une existence qui les abandonne.

Quoique la phthisie soit bien fréquemment mortelle, elle ne l'est point cependant d'une manière constante, et il n'est pas impossible d'en guérir. Non-seulement à l'aide d'une bonne hygiène et d'un traitement bien entendu on prévient la formation des dépôts tuberculeux, mais, alors même que ces dépôts ont eu lieu, on peut les empêcher d'augmenter, les arrêter dans leur évolution et les faire rester indéfiniment à l'état cru. Bien plus, lorsque les *cavernes* ne sont ni grandes ni nombreuses, elles peuvent parfaitement se cicatriser comme le ferait une plaie simple du poumon. Après s'être vidées de leur matière tuberculeuse, elles reviennent sur elles-mêmes; leurs parois se réunissent et elles guérissent sans laisser d'autres traces de leur existence qu'une cicatrice dure et froncée. D'autres fois, la guérison de la phthisie a lieu par un autre procédé; au lieu de se ramollir, les dépôts tuberculeux se durcissent,

ils deviennent semblables à de la craie, d'ou le nom
de *tubercules crétacés* qu'on leur a donné, puis ils
persistent indéfiniment dans ce nouvel état sans
éveiller autour d'eux aucune inflammation ni produire le moindre accident. Ces deux guérisons
des *cavernes* tuberculeuses sont loin d'être rares, et
bien souvent, en faisant des autopsies, on les rencontre chez des sujets dont le poumon est d'ailleurs parfaitement sain et qui ont succombé à une
maladie autre que la phthisie. Quand on a soin d'in-
terroger ces individus de leur vivant, on apprend
qu'à une époque éloignée, ils ont toussé beaucoup
pendant une année ou deux, à tel point qu'on les
a crus poitrinaires, puis leur toux a cessé, ils ont
repris des forces et sont revenus à la santé. Souvent aussi, on voit se produire sous ses yeux de
semblables guérisons, et cela non-seulement au
second degré de la phthisie, mais à sa troisième
période, alors même que les malades se sont bor-
nés pour tout traitement à aller à la campagne, à
vivre de laitage ou à voyager dans les pays chauds.
Si certains médecins affirment que la phthisie est
incurable, c'est sans doute qu'ils sont habitués à
voir cette maladie faire des progrès d'autant plus
rapides qu'ils la traitent plus énergiquement avec
leurs vésicatoires, leur huile de foie de morue, leur
iodure de fer, leurs potions calmantes et leur vin
de quinquina. Je leur accorde bien volontiers
qu'une phthisie ainsi traitée est tout à fait incurable.

La durée de la phthisie est très-variable et dé-

pend beaucoup du genre de vie des malades et des
soins qu'ils se donnent. En général, depuis le
commencement de la toux et les premiers crachements de sang jusqu'à la terminaison fatale, il s'é-
coule un espace de deux années environ. Mais souvent la tuberculisation pulmonaire a une marche
plus rapide et ne dure que dix-huit mois, un an,
six mois ou même trois mois seulement. Quelquefois même la phthisie parcourt ses trois périodes en moins de temps encore, et les poumons
se remplissent de tubercules, se creusent de cavernes et se détruisent presque en totalité dans le
court espace d'un mois à six semaines. Ces phthisies pulmonaires, à marche si prompte, ont reçu le
nom de *galopantes;* elles s'annoncent dès leur début
par une fièvre violente, des sueurs continuelles,
une expectoration abondante, une prostration extrême, et ressemblent assez à des fièvres ty-
phoïdes, avec lesquelles on les confond le plus
souvent.

D'autres fois, au contraire, la phthisie a une
marche des plus lentes. Les dépôts tuberculeux se
font successivement et en petite quantité à la fois;
ils mettent longtemps à se ramollir et à être expectorés; les cavernes qu'ils produisent, petites et
peu nombreuses, restent dans le même état pendant des années, sans guérir, il est vrai, mais
aussi sans s'augmenter; enfin, la fièvre manque,
excepté dans les derniers temps, quelques mois
avant la mort. C'est alors qu'on voit la phthisie se

prolonger cinq, dix, vingt, trente, quarante et même cinquante ans, pendant lesquels le malade, toujours toussant, toujours souffrant, n'en remplit pas moins tous les devoirs de la société, et fournit parfois la carrière la plus utile et la plus brillante.

Souvent aussi la phthisie présente un mieux passager, qui dure quelques mois et fait espérer une guérison trop tôt démentie. C'est habituellement pendant les beaux jours de l'été qu'a lieu cette amélioration, qui cesse aussitôt qu'arrivent les temps humides de l'automne et les froids de l'hiver. Dans quelques cas cependant le mieux obtenu se prolonge beaucoup plus longtemps; tous les symptômes de la phthisie, la toux, les crachats, la maigreur, l'essoufflement, disparaissent entièrement pendant quelques années, et le malade peut se croire guéri lorsqu'il est repris par son mal, qui, cette fois-ci, ne lui pardonne pas. Bien plus, certains individus crachent le sang dans leur jeunesse, puis restent dix ou vingt années sans présenter aucun accident, et c'est seulement à l'âge de trente-cinq à quarante ans qu'ils recommencent à tousser et qu'ils meurent de la poitrine.

La phthisie est souvent compliquée par d'autres maladies, qui viennent augmenter encore sa gravité et accélérer sa terminaison fatale. Tantôt ces maladies ont la même nature que la phthisie et sont produites par le ramollissement de dépôts tuberculeux. Telles sont la phthisie laryngée; l'entérite, l'adénite, la péritonite, la méningite dites tuberculeuses; les tumeurs blanches des diverses articulations et la carie vertébrale. D'autres fois, les maladies compliquant la phthisie n'ont rien de tuberculeux et sont le plus souvent, pour les affections aiguës : la bronchite aiguë, la pneumonie, la pleurésie aiguë, la rougeole, la coqueluche, la scarlatine, la variole, la fièvre typhoïde; pour les maladies chroniques : la bronchite chronique, l'emphysème pulmonaire, les affections du cœur, l'albuminurie, le diabète sucré, la folie et les pertes séminales.

En général, les phthisiques se trouvent très-bien de leur séjour à la campagne. L'absence des fatigues et des soucis de la ville; l'éloignement du médecin et l'abandon de tous les médicaments pharmaceutiques; la pureté plus grande de l'air revivifié par le travail de la végétation; la nourriture plus favorable, composée principalement de laitage pur, d'œufs frais, de volaille, de légumes verts, de salades récemment cueillies, de fruits bien mûrs, tout cela réuni exerce la plus heureuse influence sur les malades, leur ôte la fièvre et leur donne de l'appétit. A peine le poitrinaire est il arrivé à la campagne que déjà il se trouve mieux par le seul effet du changement, et ce mieux s'accroît encore les jours suivants; souvent même, le séjour aux champs est le point de dépar d'une guérison solide et persistante, bien que la seule nature en ait fait tous les frais.

Cependant, si la campagne a des résultats aussi favorables, c'est à plusieurs conditions. D'abord il faut que la saison soit propice, qu'on soit en été ou au commencement de l'automne. Rien en effet n'est moins utile pour le phthisique que la campagne au printemps et à la fin de l'automne quand il pleut continuellement, qu'on ne peut sortir sans se mouiller les pieds, et qu'étant obligé de se tenir clos dans sa chambre, on est privé du seul plaisir qu'offre la vie des champs, celui de la promenade.

D'un autre côté, il faut choisir la campagne dans un pays bien sain et bien sec, loin des étangs et des marais qui donnent la fièvre; loin des bas-fonds humides qui donnent des rhumes. Mais on évitera avec tout autant de soin un air très-vif comme il existe au bord de la mer, le long des grands fleuves et sur les plateaux élevés. Le vent continuel qui règne dans ces divers parages fatigue en effet la poitrine des phthisiques, sans compter qu'il est une cause fréquente de refroidissement. Le mieux est de choisir une habitation située à mi-côte dans un pays sain et abondamment ombragée d'arbres ou placée dans le voisinage de grands bois.

Quoique la phthisie soit à peu près aussi commune dans les pays chauds que dans nos climats, les poitrinaires se trouvent souvent très-bien d'aller passer l'hiver dans des régions moins froides que celles où ils habitent ; mais c'est à la condition d'y être convenablement installés et d'y avoir une habitation bien close qu'on puisse chauffer au besoin, car, si doux que soit l'hiver des pays chauds, il s'y trouve cependant des jours de vent, de pluie, de neige même, qui ne laissent pas d'être assez froids et sont d'autant plus pénibles que la température est habituellement plus clémente. D'un autre côté, aussitôt qu'arrive l'été, il faut s'empresser de partir et de regagner les pays plus froids, les grandes chaleurs étant très-nuisibles aux poitrinaires. Elles leur ôtent l'appétit et le sommeil, augmentent leur fièvre et leur transpiration, les rendent d'une faiblesse extrême, et finalement hâtent beaucoup la terminaison fatale de leur maladie. C'est sans doute pour cette raison que la phthisie est aussi fréquente dans les pays chauds que chez nous, le mauvais effet des grandes chaleurs de l'été neutralisant les bons résultats de la douceur des hivers.

Les personnes faibles de la poitrine doivent être très-sobres de bains chauds et n'en prendre que par propreté, tous les mois environ, ou tous les quinze jours au plus pour les sujets ayant la peau grasse ou exerçant un état salissant. Les bains froids, les bains de mer, ne conviennent pas trop non plus aux poitrinaires ; ils ne leur font aucun bien et peuvent leur nuire beaucoup lorsqu'ils sont prolongés jusqu'à la fatigue ou que l'eau est fraîche. Les affusions froides et les pratiques de l'hydrothérapie leur réussissent encore moins, et on fera bien

de les leur interdire tout à fait, car elles n'ont aucun effet heureux, les phthisiques se réchauffant
avec peine et perdant ainsi tous les bénéfices de la
réaction ; souvent même elles sont très-nuisibles. Il
en est de même des séances de pulvérisation, où
l'on respire de l'eau réduite en poussière fine, véritable brouillard artificiel tout aussi dangereux que
le naturel, plus dangereux même, car il est infiniment plus dense et plus humide.

Les individus atteints ou menacés de phthisie
doivent avoir une nourriture substantielle et proportionnée pour l'abondance à leur état actuel de
santé. Ils mangeront de préférence de la soupe, du
pain, des viandes rôties, des œufs, du laitage, de
la volaille, du gibier, du poisson, des pommes de
terre, des légumes frais et verts, de la salade, des
fruits mûrs, des gâteaux et des sucreries. Au contraire, ils éviteront le pain chaud et très-frais, les
châtaignes, le maïs, les légumes secs, fèves, hari-
cots, pois et lentilles, la viande de porc et la char-
cuterie, les ragoûts, non que la viande en soit
mauvaise, mais à cause de la sauce, dont la digestion est difficile, et enfin tous les mets renfermant
beaucoup de beurre, de graisse et d'huile, ainsi que
ceux préparés dans la friture. Ils ne prendront ni
poivre, ni moutarde ; mais ils pourront user avec
modération de sel, de vinaigre, de câpres, de corni-
chons, de citron et de verjus. En mangeant, ils
boiront de l'eau pure ou de l'eau panée, et, s'ils ne
peuvent s'y habituer, de l'eau rougie faible, conte-

nant tout au plus un quart de vin pour trois quarts
d'eau. Jamais ils ne prendront ni vin pur, surtout
s'il est blanc, ni bière, ni cidre, ni eau-de-vie, ni liqueurs, même celles réputées les plus stomachiques;
ils s'abstiendront également des boissons chaudes
excitantes, du café, du thé, du chocolat. Les poitrinaires sont en effet trop faibles pour supporter de
semblables excitations, et chez eux, bien loin de
chercher à activer la circulation et la respiration,
il faut au contraire s'efforcer de les ralentir l'une
et l'autre, afin de ménager le poumon et de le faire
durer le plus longtemps possible.

En général les phthisiques, aussitôt qu'ils ont
de la fièvre et des sueurs, boivent beaucoup trop
de tisanes. Celles-ci ne calment nullement l'altération et la sécheresse de la bouche, qui sont
causées non par une vraie soif, mais par l'ardeur
de la fièvre. De plus elles ont l'inconvénient grave
de délabrer l'estomac, d'ôter l'appétit, de provoquer la diarrhée et surtout d'augmenter les sueurs
nocturnes, les malades qui transpirent la nuit à
mouiller leurs draps étant précisément ceux qui se
gorgent de tisane sans aucune modération. Naturellement, il faut que toute l'eau bue sorte du corps
par quelque endroit, et c'est habituellement par les
sueurs qu'elle est évacuée. Le vrai moyen de calmer la soif de la fièvre n'est pas de boire en grande
quantité un liquide frais ou tiède, mais c'est de
prendre à petites gorgées de la tisane très-peu sucrée et aussi chaude qu'on pourra le faire sans se

brûler. Du reste, les malades ne boiront absolument que pour calmer leur soif, et encore, quand celle-ci sera vive, ne faudra-t-il pas la satisfaire complétement. Mais trop souvent les phthisiques font tout le contraire, et ils ingèrent sans besoin deux ou trois litres de tisane par jour, s'imaginant hâter ainsi leur guérison. C'est là une erreur; les tisanes ne sont que de l'eau chargée de principes inactifs, et lorsqu'on les prend sans nécessité, elles ne servent qu'à fatiguer l'estomac, couper l'appétit, rendre le sang plus aqueux, amener la diarrhée et produire une transpiration abondante. Quant à la tisane même, son choix est assez indifférent; la meilleure sera celle qui plaira davantage, et on en changera aussitôt qu'on sera dégoûté de celle qu'on buvait. Cependant, si j'en crois mon expérience, la plus agréable des tisanes, celle dont on se lasse le moins, c'est l'eau panée faite avec une croûte de pain qu'on rôtit des deux côtés au point de la brûler un peu et sur laquelle on verse de l'eau bouillante. Cette tisane est limpide, brune, et semblable pour sa couleur à de la bière; elle a un petit goût fade de pain brûlé auquel on s'habitue bien vite, et en y ajoutant un peu de sucre, on la rend suffisamment agréable pour être bue avec plaisir.

Les sujets faibles de poitrine, et à plus forte raison les phthisiques arrivés au second ou au troisième degré, doivent se vêtir chaudement. Ils auront constamment, été comme hiver, des vête-

ments de laine variant seulement l'épaisseur de
l'étoffe. C'est qu'en effet, pendant les jours les plus
chauds, il y a souvent, le matin, le soir et après les
orages, un certain abaissement de la température
qui peut devenir la cause d'un refroidissement
dangereux. Aussi les poitrinaires feront-ils bien
d'avoir en toute saison un pardessus ou une pèle-
rine qu'ils ôteront quand ils auront trop chaud et
qu'ils remettront aussitôt qu'ils se sentiront froid
aux pieds et dans le dos.

Souvent, lorsque les jeunes personnes sont de
complexion délicate, on leur défend de porter des
corsets. Pour moi, loin d'interdire ce vêtement, je
le recommande. Le corset, dit-on, serre la taille,
comprime les côtes, gêne le développement de la
poitrine et empêche la libre expansion du poumon;
c'est vrai, et c'est tant mieux. Le sujet prédisposé à
la phthisie ne se sert que trop de ses poumons et
ne les use que trop vite; plus on modérera, plus
on gênera sa respiration, plus on prolongera ses
jours. Si vous possédez un soufflet d'appartement
bien délicat et bien fragile, vous ne vous en ser-
virez pas comme d'un soufflet de forge, mais vous
le manierez avec prudence, et à ce prix vous pour-
rez en faire un long usage. Or les poumons sont
pour ainsi dire le soufflet qui entretient la vie. Ceux
qui l'ont bon peuvent s'en servir à discrétion et
respirer à pleine poitrine; ceux qui l'ont mauvais
doivent le ménager s'ils veulent, tout mauvais qu'il
est, en conserver la jouissance le plus longtemps

possible. Ce qui manque au poitrinaire, ce n'est pas l'air, c'est un bon poumon. Or, en dilatant largement sa poitrine, le phthisique respire il est vrai plus d'air, mais il ne rend pas son poumon meilleur; loin de là, il le fatigue davantage, il l'use plus vite et il en hâte la destruction.

On recommande généralement aux personnes faibles de la poitrine l'usage des gilets de flanelle mis immédiatement sur la peau, et l'on considère cette pratique comme un des meilleurs préservatifs de la phthisie. Ces gilets sont en effet, pour commencer, d'une certaine utilité, car ils constituent un vêtement très-chaud et garantissent bien du froid; mais, quand arrive la troisième période de la phthisie, ils deviennent plus nuisibles qu'utiles, parce qu'ils augmentent beaucoup la fièvre et les sueurs des malades. Or, ce sont précisément cette fièvre et ces sueurs qui minent les sujets atteints de la poitrine et les emportent en quelques mois, tandis que la phthisie sans fièvre peut se prolonger des années. Il serait donc bon, quand les poitrinaires sont arrivés au troisième degré et qu'ils transpirent abondamment, de leur faire quitter la flanelle. Malheureusement cela est impossible alors, parce que le malade est habitué à ses gilets et qu'il ne peut plus s'en passer, quel que soit le mal qu'il en éprouve; aussi est-il plus prudent pour les phthisiques de ne pas s'habituer à la flanelle, ou du moins de la porter sur la chemise et non sur la peau. Cependant les gilets de flanelle, mis à nu sur le corps, sont indispensables à tous les individus, faibles ou non de poitrine, qui transpirent abondamment au moindre exercice et vivent habituellement dehors ou dans des appartements mal clos. La flanelle, absorbant la transpiration à mesure qu'elle se forme, empêche qu'on ne reste exposé aux courants d'air avec des vêtements trempés de sueur, et prévient ainsi bien des refroidissements dangereux.

Les phthisiques, ou ceux qui craignent de le devenir, doivent se tenir chaudement pendant la nuit. Leur chambre à coucher sera parfaitement close, ils en fermeront les portes et les fenêtres, même pendant les plus fortes chaleurs, et dans les grands froids ils y allumeront un peu de feu. Leur lit sera entouré de rideaux et assez chaudement couvert, sans excès cependant, de peur d'augmenter la fièvre et les transpirations. On rejettera donc les édredons et les lits de plume; mais, ici comme pour les gilets de flanelle, il existe souvent de vieilles habitudes qu'il faut respecter malgré leurs inconvénients.

Beaucoup de phthisiques, qui trouvent leur lit trop froid lorsqu'ils s'y couchent avec le frisson de la fièvre, y ont ensuite trop chaud quand viennent la chaleur fébrile et les transpirations. Alors, au lieu de se découvrir ou de rester dans leur moiteur, deux partis également fâcheux, ils feront bien d'adopter les dispositions suivantes. Ils coucheront seuls dans un lit assez large; la moitié en long de ce lit sera chaudement couverte, tandis que l'autre moitié le sera plus légèrement. Suivant donc qu'il se sentira trop chaud ou trop froid, le malade n'aura qu'à se porter à gauche ou à droite de son lit, et bientôt il sera tellement habitué à cette manœuvre, qu'il la fera en dormant et pour ainsi dire sans s'en apercevoir.

Quand les poitrinaires ont transpiré si abondamment qu'ils ont mouillé leur chemise et leurs draps, on doit se hâter de les changer, le séjour dans cette humidité de la sueur étant des plus malsains. Mais, quand la transpiration continue et mouille encore les linges qu'on vient de mettre, il ne faut pas hésiter à faire lever le malade et à l'installer dans un fauteuil près du feu pour le reste de la nuit ; car, si mal qu'il s'y trouve, il sera toujours mieux que dans la moiteur de son lit, et au moins cette mesure aura pour effet de faire cesser immédiatement la transpiration.

Les individus menacés ou déjà atteints de phthisie doivent éviter tous les exercices violents, ainsi que toutes les professions pénibles où il faut se donner beaucoup de mouvement. Ils s'abstiendront de courir, de sauter à la corde, de jouer à la paume et au ballon, de faire de l'escrime et de la gymnastique, et même, si leur maladie est déjà avancée, ils cesseront de chanter, de danser, de se livrer à la natation, à l'équitation, d'aller à la chasse, à la pêche, de faire de trop longues promenades à pied ; en un mot, ils éviteront tout ce qui

peut les fatiguer, les essouffler ou les faire trans-
pirer. A chaque instant de leur vie, les poitrinaires doivent avoir toujours présent à l'esprit
qu'ils s'affaiblissent facilement, et qu'une fois affaiblis ils auront bien de la peine à retrouver leurs
forces perdues. Ils doivent se ménager avec le
plus grand soin, non-seulement pour prolonger la
durée de leur maladie, ce qui est déjà quelque
chose, mais surtout pour obtenir leur guérison,
qui n'est possible qu'à cette condition. Un homme
qui dort et mange bien peut se livrer aux exercices les plus violents sans crainte d'altérer sa
santé, parce qu'un bon repas et une bonne nuit lui
auront bientôt rendu toute sa force. Mais le poitrinaire ne répare pas aussi aisément les effets de
la fatigue. Par le fait même de l'exercice qu'il a
pris, il peut avoir la fièvre, passer une nuit agitée,
ne pas digérer son repas, être dérangé du corps.
Bien loin donc de se trouver mieux de s'être fatigué, il est pire et il voit alors que le plus prudent
pour lui c'est de ne pas dépenser inutilement des
forces si difficiles à retrouver une fois qu'on les a
perdues.

Cependant, tout en évitant les exercices violents
et la fatigue, les phthisiques ne doivent pas tomber
dans l'excès contraire et passer au lit toutes leurs
journées. Qu'ils se lèvent tard et se couchent de
bonne heure, on ne saurait trop les en applaudir;
mais, si mal qu'ils soient, il faut qu'ils s'habillent
tous les jours, ne fût-ce que pendant quelques

heures et pour rester au coin du feu dans un fauteuil. Du reste, les poitrinaires savent bien que le séjour au lit leur est nuisible et les affaiblit encore au lieu de les fortifier. Même à la veille de mourir, ils ne demandent qu'à se lever, et le difficile n'est pas de les faire sortir du lit, c'est au contraire de les y faire rester lorsque cela devient nécessaire et qu'il existe par exemple une diarrhée intense, une pleurésie ou un crachement de sang.

Les personnes déjà atteintes de la poitrine, ou qui craignent de l'être bientôt, doivent mener une vie sobre et régulière, ne subir aucune privation et ne se livrer à aucun excès. C'est surtout quand la phthisie est confirmée, et qu'elle est arrivée au second ou au troisième degré, que les malades doivent se conformer à l'hygiène la plus rigoureuse, recherchant avec soin quelles sont les habitudes qui leur nuisent et y renonçant aussitôt. Au surplus, s'ils ne prennent pas ce parti de leur plein gré, la maladie, par ses progrès, les y contraint bientôt quand même, et cela sans qu'ils aient la compensation d'une amélioration dans leur santé. Au contraire, en se conformant dès le début de leur mal aux prescriptions d'une bonne hygiène, ils pourront guérir leur phthisie, ou du moins lui faire prendre une marche si lente, que cela équivaudra presque à la guérison, celui qui périt de la poitrine à soixante ou soixante-dix ans n'ayant pas sujet de se plaindre, puisque, arrivé à cet

âge, il faut bien se décider à mourir de quelque
chose. J'ai toujours observé que les exemples de
phthisies prolongées pendant de longues années se
montraient constamment chez des individus très-
sobres, très-réguliers dans leur vie, qui soignent
religieusement leur santé et évitent avec une attention égoïste les fatigues, les privations et les
excès de toute espèce. Par contre, les phthisies sé-
vères, celles qui emportent les malades en deux
années ou plus rapidement encore, se rencontrent
pour ainsi dire exclusivement chez ceux qui ne
s'astreignent à aucune règle d'hygiène, ou qui du
moins ne se décident à réformer leurs habitudes
que lorsqu'il est déjà trop tard.

Malheureusement, si tout le monde peut éviter
les excès, il n'en est pas de même des fatigues et
des privations auxquelles tant de sujets se trouvent forcément exposés. C'est ainsi que bien des
enfants, même avant de naître, sont condamnés
à la phthisie par la misère de leurs parents, qui
ne peuvent leur donner les soins nécessaires. De
même, beaucoup de jeunes gens sont destinés
non moins fatalement à s'éteindre de la poitrine,
par la nécessité où ils sont de travailler et d'exer-
cer un métier au-dessus de leurs forces. Ils vi-
vraient longtemps encore si l'on pouvait les nourrir à rien faire, ou du moins leur donner un état
plus doux; mais, forcés de se livrer à des travaux
trop pénibles pour eux, ils succombent à la tâche.
Dans l'espèce humaine comme pour les autres

espèces, il y a plus de germes produits qu'il n'en peut être élevés; il faut donc que la mort éclaircisse les rangs, et cette mort, c'est ordinairement la phthisie qui la cause. C'est la phthisie qui tient pour ainsi dire les comptes de l'humanité et met les décès en équilibre avec le nombre des naissances. La vie a beau être féconde et créer chaque jour de nouveaux individus, la phthisie est tout aussi puissante pour la destruction, et chaque année elle moissonne régulièrement tous les hommes qui sont de trop sur la terre.

Mais une cause de phthisie plus nuisible que les excès et la misère même, c'est l'usage des remèdes et particulièrement de ceux qu'on a coutume d'administrer dans les maladies de poitrine, tels que les vésicatoires, les cautères, l'huile de foie de morue, le vin de quinquina, l'iodure de fer, le vin et le sirop antiscorbutiques, les pilules d'opium, de cynoglosse, de morphine, de codéine, les pâtes et les sirops calmants. Que de phthisies qu'on eût pu guérir ont été rendues incurables par l'emploi de ces remèdes! Que de maladies de poitrine qui eussent pu se prolonger pendant de longues années, se terminent en quelques mois, parce qu'on les a soignées trop énergiquement! Que d'individus sont devenus phthisiques, qui fussent restés seulement faibles de poitrine et eussent fourni une carrière ordinaire, s'ils n'eussent pas eu le malheur de suivre tous les traitements dangereux qu'on leur a tour à tour ordonnés! Sans doute ces traitements, au mo-

ment où on les fait, produisent un certain soulagement, parfois même leur administration est
suivie d'une amélioration temporaire; sans cela, qui
eût jamais été assez fou pour en conseiller l'usage?
Mais ce mieux, mais ce soulagement, à quel prix
l'achète-t-on? C'est au prix de la santé; que dis-je?
c'est au prix de la vie, car la phthisie est là qui
moissonne impitoyablement l'excès de la population
en choisissant les plus faibles, et l'absorption des
médicaments, tous plus ou moins riches en poisons,
est une cause de faiblesse.

EMPHYSÈME PULMONAIRE

DILATATION DES VÉSICULES PULMONAIRES, ASTHME.

L'emphysème pulmonaire est une dilatation des vésicules du poumon. A l'état physiologique, les poumons sont très-rétractiles; aussitôt qu'ils cessent d'être dilatés par les muscles de la poitrine, ils reviennent avec force sur eux-mêmes et se vident spontanément de l'air qu'ils contiennent, sans qu'il soit nécessaire de faire aucun effort. Ils ressemblent ainsi à un soufflet qui se replierait tout seul après qu'on l'aurait dilaté, et l'on comprend sans peine combien cette disposition anatomique est favorable à la respiration. Grâce à elle, l'entrée de l'air dans la poitrine est seule fatigante, seule elle exige l'intervention des muscles respirateurs; quant à sa sortie, elle s'accomplit d'elle-même et sans peine, par le seul fait du retrait mécanique des poumons. Ce n'est que par exception, dans la toux, les cris, le chant, ou quand on parle à haute voix, que les muscles des côtes et du ventre se contractent pour vider plus rapidement le poumon et donner plus de force au courant d'air qui traverse le larynx. Hors de là ces muscles restent en repos, ce qui naturellement épargne beaucoup

d'efforts et empêche de s'essouffler aussi facilement.

La rétractilité des poumons a une autre conséquence. C'est grâce à elle que la vie se termine
toujours par une expiration, par un soupir. Tant
que l'agonisant a la force de respirer, il contracte
les muscles de sa poitrine et dilate ses poumons.
Mais, quand il est à bout de vie et que ses muscles
respirateurs sont trop affaiblis pour accomplir leur
tâche, l'élasticité du poumon subsiste, et c'est
elle qui vide la poitrine dans un suprême soupir.
Bien plus, cette élasticité persiste même après
la mort, et c'est encore elle qui, sur le cadavre, ré-
tracte les poumons et les ramasse contre la colonne
vertébrale aussitôt qu'on permet à l'air de pénétrer
dans la plèvre.

La diminution de l'élasticité du poumon produit
dans cet organe des altérations caractéristiques.
Elle amène une dilatation permanente des vésicules
pulmonaires. Celles-ci, étant privées de leur rétractilité normale, ne reviennent plus sur elles-
mêmes comme de coutume, mais conservent toujours la plus grande amplitude possible. Quelquefois
même, elles sont tellement altérées qu'elles se
rompent et s'ouvrent les unes dans les autres,
d'où résultent de grandes cavités pleines d'air
atteignant le volume d'un haricot ou d'une noisette. Ces parties du poumon, privées de leur
élasticité physiologique, se reconnaissent aisément
au premier coup d'œil. Elles sont plus blanches,

plus saillantes, plus tendues et plus légères, que les portions restées saines ; elles ne s'affaissent point spontanément lorsqu'on ouvre la poitrine après la mort, et, bien loin de se vider seules, on ne réussit pas à les débarrasser de l'air qu'elles contiennent, même en les comprimant avec force entre les doigts.

L'emphysème n'intéressant qu'une petite portion du poumon est une affection très-fréquente et qui existe peut-être chez le tiers ou le quart des individus ayant atteint un certain âge. L'emphysème assez étendu pour gêner la respiration et constituer une maladie, est naturellement plus rare. Cependant il est encore bien commun, et on le rencontre pour ainsi dire à coup sûr chez tous les sujets dont la respiration est courte et dont l'essoufflement n'est pas lié à une phthisie pulmonaire ou à une affection du cœur; encore même arrive-t-il maintes fois que l'emphysème complique ces deux maladies.

Le plus souvent, la dilatation des vésicules pulmonaires est due à une faiblesse innée des poumons, qui ne sont pas pourvus d'une rétractilité suffisante et se trouvent fatigués au bout d'un certain temps de service. Si, en effet, on interroge les emphysémateux sur la santé de leur famille, presque toujours on apprend que leur père, leur mère, leurs grands-pères et grand'mères, leurs oncles et leurs tantes, leurs frères et leurs sœurs, sont eux-mêmes sujets à des attaques d'asthme. Naturellement, l'emphysème pulmonaire apparaît d'autant plus tôt que la prédisposition héréditaire est plus prononcée. Bien souvent, par exemple, il se montre dans la première enfance, et les malades déclarent que, d'aussi loin qu'ils se souviennent, ils ont toujours été essoufflés et n'ont jamais pu jouer et courir comme leurs camarades. D'autres fois, quand l'influence de l'hérédité est moins puissante, l'emphysème ne se manifeste que dans la maturité ou même seulement sur le déclin de la vie, lorsqu'un long service a fatigué les poumons et en a pour ainsi dire faussé l'élasticité. Mais, que l'emphysème soit ou non héréditaire, sa production est toujours singulièrement favorisée par toutes les maladies aiguës et chroniques qui intéressent le poumon et en diminuent la vitalité, telles que la pneumonie, la fièvre typhoïde, le croup, la coqueluche, la bronchite capillaire, la bronchite chronique et la phthisie pulmonaire. Aussi rien n'est-il moins rare comme de voir survenir un asthme immédiatement après qu'on a été atteint par quelqu'une de ces affections.

Une autre cause qui ne contribue pas moins que les maladies à produire l'emphysème pulmonaire, c'est l'usage des médicaments énergiques, tels que l'émétique, le kermès, l'opium, la belladone, le stramonium, le sulfate de quinine, l'ergot de seigle, la digitale, le mercure, l'iodure de potassium. Tous ces médicaments sont en effet des poisons plus ou moins actifs, qui s'attaquent au principe même de la vie et diminuent la résistance propre des tissus. Rien d'étonnant alors si, chez les personnes prédis-posées, ils affaiblissent la vitalité du poumon et favorisent ainsi la dilatation de ses vésicules.

Dans d'autres cas enfin, le développement de l'emphysème pulmonaire peut être attribué à la profession que l'on exerce et au genre de vie que l'on mène. Ainsi cette maladie arrive souvent de bonne heure et devient tout de suite très-prononcée chez les personnes qui ont un état fatigant, où il faut faire de grands efforts musculaires, porter de lourdes charges, marcher beaucoup, aller à cheval, monter continuellement, parler sans cesse et crier à haute voix. Ces diverses professions sont d'autant plus fâcheuses, que ceux qui les exercent ont d'ha-bitude peu de sobriété et abusent des boissons alcoo-liques, abus qui à lui seul est déjà une cause d'em-physème des plus actives.

Lorsque la perte de l'élasticité des poumons est limitée à une petite portion de ces organes, elle ne donne lieu absolument à aucun trouble de la res-piration et ne mérite pas le nom de maladie. Mais, lorsqu'un grand nombre de vésicules pulmo-naires ont perdu leur rétractilité, il n'en est plus de même, et il y a un essoufflement plus ou moins prononcé. Au premier abord, comme le poumon emphysémateux contient plus d'air que celui qui est sain, il semblerait que la respiration devrait y être plus libre et plus facile. Mais c'est là une erreur. En effet, ce qui rend la respiration large et aisée,

ce n'est pas le séjour de l'air dans la poitrine, c'est
son renouvellement. Or, dans l'emphysème, grâce à
la perte de l'élasticité du poumon, ce renouvellement
des gaz respirés est rendu impossible. Sans doute,
les vésicules pulmonaires dilatées contiennent beaucoup d'air, mais il est toujours le même; il est donc
complétement inutile à la respiration, et toutes ces
vésicules malades sont comme si elles n'existaient
pas. Dans l'état de repos, les emphysémateux ne
sont, il est vrai, nullement gênés par l'altération
de leur poumon, les parties de cet organe restées
saines suffisant amplement au besoin de la respiration ordinaire. Mais, dès qu'ils font un effort,
même faible, qu'ils courent, qu'ils montent, qu'ils
crient, il n'en est plus de même; ils éprouvent
alors une oppression et un essoufflement d'autant
plus prononcés, qu'une portion plus considérable
du poumon est envahie par la maladie.

Mais où l'oppression atteint ses dernières limites
et devient effrayante, c'est lorsque l'emphysème se
trouve compliqué par une bronchite un peu intense.
Ce qui serait pour un autre un simple rhume devient pour l'emphysémateux une maladie grave. Son
poumon, privé de son élasticité, ne pouvant plus se
débarrasser des mucosités sécrétées dans son intérieur, il se produit des accès de suffocation semblables à ceux de l'asthme nerveux et de la bronchite capillaire. Incapable de respirer, de tousser
et de parler librement, la respiration précipitée et
saccadée, la toux bruyante, la parole tremblante et

brève, la face gonflée, les joues livides, les lèvres
bleues, les yeux larmoyants et remplis de sang, le
malade semble étouffer davantage à mesure qu'il
fait plus d'efforts pour respirer et croit toucher à sa
dernière heure. Ces accès de suffocation disparaissent avec la bronchite qui les a causés et ne se
prolongent pas au delà de quelques jours, tout au
plus de quelques semaines; mais ils se reproduisent bientôt au premier rhume que l'on contracte,
et il est rare que l'hiver se passe sans amener deux
ou trois attaques.

L'emphysème donne lieu à des signes physiques
importants qui permettent de le reconnaître avec
certitude sur le vivant et de préciser exactement
son siége et son étendue. Le premier de ces signes,
c'est l'augmentation de la *sonorité* de la poitrine
dans tous les points correspondant aux parties
malades. Ces parties, contenant plus d'air que le
reste du poumon, sonnent plus creux quand on les
percute. C'est ce que savent bien les emphysémateux, et, quand ils veulent prouver qu'ils sont simplement asthmatiques et non poitrinaires, ils ne
manquent jamais de frapper fortement sur leur
poitrine et de faire admirer la sonorité bruyante
avec laquelle elle retentit.

Souvent les régions de la poitrine correspondant
aux points emphysémateux sont non-seulement
plus sonores, mais aussi plus volumineuses, et
forment sur le corps des saillies, légères il est vrai,
mais cependant très-appréciables. Ces saillies, plus

prononcées et plus fréquentes à gauche qu'à droite, sont habituellement situées au devant de la poitrine, au-dessous de la clavicule et au-dessus de la mamelle. Cependant on peut les rencontrer ailleurs, notamment au cou, au-dessus de la clavicule, et dans le dos, au niveau de l'omoplate, qui se trouve soulevée. Lorsque l'emphysème est très-étendu et qu'il occupe également les deux poumons, toutes les saillies qu'on vient d'indiquer existent à la fois et des deux côtés, ce qui donne à la poitrine une forme globuleuse très-remarquable et tout à fait caractéristique.

En auscultant le poumon dans les points occupés par l'emphysème, on constate que le bruit de la respiration y est plus faible, ou même qu'il manque complétement. Cette faiblesse, cette absence du bruit respiratoire, confirment bien ce qu'on a dit plus haut ; ils prouvent sans réplique que la dilatation des vésicules pulmonaires, bien loin de rendre la respiration plus large et plus complète, ne fait que la gêner ou même la supprimer tout à fait.

Si l'on ausculte les emphysémateux au moment de leurs accès de suffocation, on trouve leur poitrine remplie de *râles sibilants*, *ronflants* et *muqueux*, *râles* très-bruyants et très-nombreux qui rappellent le vacarme de la tempête ou le roucoulement d'une tourterelle. Il est inutile d'ajouter que tous ces bruits n'appartiennent pas à l'emphysème, mais sont dus simplement à une bronchite aiguë ou

chronique compliquant cette maladie. Il en est de
même des douleurs dans la poitrine, de la toux et
des crachats qui existent chez la plupart des emphysémateux, et qui sont causés par l'inflammation
des bronches et non par la dilatation des vésicules
pulmonaires.

L'emphysème est une maladie essentiellement
chronique qui fait des progrès lents, il est vrai,
mais continuels. A mesure qu'on avance en âge, il
envahit de nouvelles portions du poumon, et cela
d'autant plus vite que les sujets ont une prédisposition héréditaire plus prononcée et qu'ils mènent
une vie moins régulière ou plus pénible. Naturellement, en même temps que l'emphysème augmente,
l'essoufflement auquel il donne lieu s'accroît également ; les attaques d'asthme qui surviennent à
chaque bronchite se montrent de plus en plus fréquentes, et, sur la fin de la vie, la gêne de la respiration est telle que le malade ne peut plus faire un
pas ou dire quelques mots sans perdre l'haleine et
suffoquer. Cependant tous les emphysémateux n'arrivent pas à ce degré d'oppression, et beaucoup
d'entre eux atteignent un âge avancé sans avoir
présenté jamais d'autre mal qu'un essoufflement
assez médiocre.

Alors même qu'il donne lieu aux attaques les
plus violentes, l'emphysème, lorsqu'il existe seul,
n'est pas une maladie bien dangereuse et n'abrége
pas beaucoup la vie. Mais il n'en est pas ainsi
quand il est compliqué par une autre affection,

une bronchite chronique, une phthisie pulmonaire ou une maladie du cœur, la gêne de la respiration qu'il amène devenant alors des plus nuisibles et hâtant sans aucun doute le moment de la
mort.

———————

MALADIES

DE LA PLÈVRE

La plèvre est une membrane très-lisse qui tapisse l'intérieur de la poitrine et la surface du poumon, et qui sert à rendre plus faciles les mouvements de ce dernier organe. Cependant cette fonction de la plèvre n'est pas fort indispensable, car elle peut être supprimée et le poumon faire corps avec les côtes sans que la respiration soit notablement troublée.

Les maladies de la plèvre sont au nombre de trois seulement : la **pleurésie aiguë**, la **pleurésie chronique** et le **pneumothorax** ; encore cette dernière affection est-elle des plus rares et devrait-elle être passée sous silence, n'était sa grande gravité.

PLEURÉSIE AIGUE

PLEURITE, EMPYÈME, POINT DE CÔTÉ.

La pleurésie aiguë est l'inflammation aiguë de la plèvre. De même que les autres séreuses, la plèvre, lorsqu'elle est enflammée, commence par se recouvrir de fausses membranes, d'abord très-minces, puis plus épaisses. Ces fausses membranes, d'une coloration grisâtre ou rougeâtre, d'une consistance molle et humide, recouvrent dans une étendue variable la surface du poumon et la paroi de la poitrine. Souvent elles se soudent intimement dans les points où elles sont en contact; il en résulte alors des *adhérences* qui unissent l'un à l'autre les deux feuillets de la plèvre et fixent le poumon sur les côtes.

En même temps que la plèvre enflammée se recouvre d'une fausse membrane, elle sécrète un liquide séreux d'une couleur jaune ou rougeâtre. Ce liquide est d'abord en très-petite quantité et se borne à humecter les fausses membranes; mais, vers le troisième ou le quatrième jour de la maladie, il devient plus abondant et forme un épanchement dans la cavité de la plèvre dont il occupe naturellement les parties les plus déclives.

L'abondance de cet épanchement varie de quelques cuillerées à plusieurs litres. Quand il est considérable, il produit par sa présence divers désordres mécaniques. D'une part, il dilate notablement le côté malade et le fait paraître plus volumineux que l'autre côté ; d'autre part, chose plus grave, il comprime le poumon, le refoule contre la colonne vertébrale, le réduit à rien et le met ainsi dans l'impossibilité de servir à la respiration. Mais ce sont là des cas assez rares et qui se montrent plutôt dans la pleurésie chronique que dans l'aiguë.

La pleurésie aiguë est une maladie très-commune, moins cependant que la pneumonie. Comparée pour sa fréquence avec les autres affections aiguës graves, elle occupe le cinquième rang et ne vient qu'après la pneumonie, la fièvre typhoïde, les bronchites et les angines.

La principale cause de la pleurésie, celle qui a elle seule produit cette maladie dans les deux tiers ou les trois quarts des cas, c'est le froid. Mais, comme pour la pneumonie, il faut que le refroidissement soit très-intense ou très-prolongé, et qu'il ait réussi à abaisser la température générale du corps et celle du sang lui-même. Sans cela, le froid n'agirait pas sur la plèvre et se bornerait à produire un coryza, une angine, une bronchite ou une douleur rhumatismale des parois de la poitrine. Comme pour la pneumonie encore, ce refroidissement général du corps est d'autant plus facile et plus rapide que l'on se trouvait avant dans un endroit plus

chaud, où le corps s'est déshabitué de produire la
chaleur naturelle qui lui est propre, et s'est ainsi
désarmé contre le froid.

On peut se demander pourquoi le froid, en agissant sur le corps, produit plutôt une pleurésie
qu'une pneumonie, ou réciproquement. Un premier point à noter, c'est que la pneumonie causée
par un refroidissement existe rarement seule ; le plus
souvent elle se complique d'une pleurésie aiguë
occupant la même région du poumon, l'air froid
qui a enflammé le tissu pulmonaire n'ayant pas
respecté les portions de plèvre situées dans le voisinage. Au contraire, la pleurésie existe souvent
seule et sans que la pneumonie l'accompagne. C'est
ce qui a lieu toutes les fois que la plèvre a été re-
froidie, non par l'air qu'on a respiré, mais par un
froid direct ayant agi à travers les côtes et les parois
de la poitrine, ce froid extérieur ne frappant que la
plèvre et respectant le poumon maintenu chaud
par les nombreux vaisseaux qui le traversent.

Les pleurésies qui ne viennent pas d'un refroidissement sont provoquées par des causes intéressant
directement la plèvre et exerçant sur elle une action
pour ainsi dire mécanique ; telles sont : les con-
tusions de la poitrine, les fractures des côtes, les
blessures faites par les armes blanches ou les armes
à feu, et enfin, en première ligne, la présence de
dépôts tuberculeux situés à la surface du poumon.

La pleurésie aiguë est notablement plus fréquente chez l'homme que chez la femme. D'un

autre côté, elle est assez rare chez les vieillards et les enfants. La pneumonie, elle, est au contraire plus commune à ces deux extrémités de la vie, et c'est encore là une différence qui distingue cette maladie de la pleurésie.

Quelquefois la pleurésie aiguë débute brusquement au milieu de la santé la plus prospère ; mais, le plus souvent, elle est annoncée trois ou quatre jours d'avance par du malaise, de la faiblesse, de la sensibilité au froid, et la perte de l'appétit. Dans quelques cas cependant, les malades, loin d'être plus faibles, se sentaient depuis quelques jours plus dispos et plus robustes que de coutume, et se félicitaient de l'amélioration qu'ils croyaient trouver dans leur santé.

Quoi qu'il en soit, que la pleurésie survienne ou non brusquement, elle débute par un frisson bientôt suivi d'un point de côté. Le frisson de la pleurésie est moins constant que celui de la pneumonie ; il est surtout moins durable et moins intense. Il ne se prolonge pas au delà de quelques minutes, ne recommence plus une fois qu'il a cessé, et parfois est si léger qu'il se borne à une simple sensation de froid, sans claquement de dents et sans tremblement des membres.

Par contre, la douleur de côté de la pleurésie est plus constante et surtout plus violente que dans la pneumonie. Au lieu d'être sourde comme dans cette dernière affection, elle est aiguë, déchirante, et comparable à une pointe acérée qui s'enfoncerait dans la poitrine et la traverserait de part en part. Déjà bien pénible lorsque le malade reste immobile, elle se montre tout à fait insupportable lorsqu'il tousse ou qu'il se retourne dans son lit. Le patient, surpris alors par l'acuité du mal, s'arrête brusquement en poussant un cri, en même temps que sa figure crispée devient pâle comme un linge et se couvre d'une sueur froide. Heureusement que cette douleur ne conserve pas longtemps cette intensité, et, trois ou quatre jours après le début de la pleurésie, elle est déjà bien diminuée et ne fait plus souffrir qu'au moment des grandes inspirations.

La douleur de la pleurésie siége habituellement sous le sein ou sous l'aisselle du côté malade, rarement dans le dos. Son étendue est toujours moins grande que celle de la pleurésie elle-même, et elle paraît produite non par l'inflammation de la plèvre, mais par l'inflammation des nerfs placés immédiatement sous cette membrane. Il est certain en effet que bien souvent elle suit d'une manière très-exacte le trajet d'un nerf intercostal.

Presque immédiatement après le frisson et le point de côté apparaît la toux. Celle-ci manque rarement et semble produite par l'irritation de la plèvre enflammée. Peu fréquente et ne formant jamais de quinte, mais brève, saccadée et comme convulsive, elle est extrêmement pénible et douloureuse à cause du point de côté qu'elle exagère;

aussi les malades se retiennent-ils tant qu'ils peuvent de tousser. Cette toux est le plus souvent complétement sèche ; quelquefois cependant, elle donne lieu à une expectoration de crachats blancs, muqueux et aérés, qui n'ont aucune ressemblance avec les crachats sanglants de la pneumonie, et qui sont dus à une bronchite simple venant compliquer la pleurésie. Dans les intervalles de repos laissés par la toux, la respiration est notablement gênée et accélérée. Les inspirations sont courtes, incomplètes, et ne peuvent s'achever à cause de la douleur de côté qui se montre tout à fait intolérable aussitôt que la poitrine se dilate un peu largement.

Quand l'épanchement contenu dans la plèvre est considérable, l'oppression devient extrême, parce qu'alors le poumon malade étant comprimé par la sérosité se réduit à rien, et ne peut plus être utile pour la respiration. Cette oppression atteint sa dernière limite quand la pleurésie est double et occupe les deux poumons à la fois, ce qui est rare;

On a prétendu qu'il y avait un rapport entre le côté de la pleurésie et celui où se couche le malade. Le plus souvent, celui-ci est étendu sur le dos. Quelquefois cependant, lorsque le point de côté est très-intense, le malade ne peut pas rester un seul instant sur le flanc douloureux et est obligé de se mettre sur le côté sain. Quand, au contraire, la douleur s'est calmée et qu'il existe un épanchement très-abondant, la position la plus commode est de reposer sur le côté affecté. Enfin, lorsque la pleurésie est double, qu'elle est compliquée par un emphysème pulmonaire ou une affection du cœur, l'oppression est si grande que le malade reste assis sur son séant dans son lit et suffoque dès qu'il essaye de se coucher.

Autrefois, quand on ne connaissait pas à la pleu-résie d'autres symptômes propres que le point de côté et la toux sèche, on la confondait constamment avec la pneumonie, et cette méprise était à peu près inévitable chaque fois que l'expectoration des cra-chats sanglants caractéristiques venait à manquer. Mais aujourd'hui, grâce à la découverte de l'auscul-tation et de la percussion, il est possible non-seule-ment de reconnaître facilement la pleurésie et de la distinguer à coup sûr de la pneumonie, mais encore de préciser l'abondance et le siége de l'épan-chement.

Si dans la pleurésie on percute la poitrine du côté malade, on obtient des résultats différents, suivant que le poumon se trouve recouvert dans les points qu'on examine par une quantité plus ou moins grande de sérosité. Si cette couche de liquide est très-mince, la percussion donne en ce point un son plus clair que de coutume et assez semblable au bruit qu'on obtiendrait en frappant sur une vessie remplie d'air et plongée dans l'eau. Ce *bruit tym-panique* de la pleurésie, c'est le nom qu'il a reçu, est produit par la résonnance du poumon qui est plein de gaz et plonge au milieu de l'épanchement. Il se rencontre habituellement dans le haut de la poitrine, au-dessous de la clavicule et au dedans de l'omoplate, l'épanchement pleurétique étant rarement assez abondant pour présenter dans les régions élevées du poumon une épaisseur bien considérable.

Quand, au contraire, la surface du poumon est recouverte dans les points percutés par du liquide en grande quantité, ou par les fausses membranes très-épaisses et bien imbibées de sérosité, la percussion de la poitrine donne une *obscurité du son*, ou même une *matité* complète, parce qu'alors on percute en réalité non plus le poumon, mais les fausses membranes et le liquide de l'épanchement qui ne contiennent pas d'air et n'ont aucune raison pour sonner creux. Cette matité siége ordinairement en arrière et en bas du poumon, là où la sérosité de l'épanchement s'accumule par l'effet de sa pesanteur. Parfois elle se déplace avec le liquide épanché lorsqu'on varie la situation du malade et qu'on le fait coucher sur l'un ou l'autre côté. Mais le plus souvent elle reste fixée dans les mêmes points, parce qu'elle est produite par des fausses membranes qui adhèrent intimement aux plèvres et ne se déplacent pas quand le malade change de position. Enfin, en appliquant largement la main sur les points de la poitrine où l'on a constaté la matité et en faisant tousser ou parler le malade, on observe une diminution ou même une absence complète des vibrations thoraciques. Cela tient aux fausses membranes et à l'épanchement qui arrêtent

les vibrations de la voix et de la toux et les empêchent de se communiquer aux parois de la poitrine, ainsi que cela a lieu dans le côté sain.

Si, dès le premier ou le second jour de la pleurésie, on ausculte le poumon du côté malade, on
entend parfois un bruit particulier très-semblable
à un *râle humide*, et cela, alors même que la toux
est parfaitement sèche et qu'il n'y a pas trace d'expectoration. C'est qu'en effet le bruit n'est pas dû
à des mucosités, mais il est produit par les fausses
membranes nouvellement formées à la surface de
la plèvre, fausses membranes qui frottent les unes
contre les autres à chaque mouvement de la poitrine. Bientôt, à mesure que l'épanchement liquide
augmente, ce *bruit de frottement* (c'est le nom qu'on
lui donne) disparaît, parce que la sérosité s'inter-
pose entre les deux parois de la plèvre et les empêche d'arriver au contact. Mais, à la fin de la
pleurésie, ce même bruit s'entend comme aux premiers jours, l'épanchement étant alors résorbé,
et les fausses membranes, laissées pour ainsi dire à
sec, frottant de nouveau les unes contre les autres.

En auscultant le bruit de la respiration, de la
toux et de la voix, on obtient des résultats différents suivant que l'épanchement forme à la surface du poumon une couche liquide plus ou moins
épaisse. Si le poumon n'est séparé de l'oreille que
par une mince lame de sérosité, le bruit de la respiration et celui de la voix sont renforcés ; ils deviennent plus retentissants et donnent lieu à une

19

respiration bronchique, à une *bronchophonie* semblables à celles qu'on entend dans la pneumonie, mais
moins prononcées. De plus, le bruit de la voix présente un timbre tout particulier ; il est aigre, trem-
blotant, semblable à une voix de polichinelle ou
au cri de la chèvre : aussi lui a-t-on donné le nom
d'*égophonie*, qui veut dire en grec voix de chèvre.

Si au contraire le poumon est recouvert, dans
les points auscultés, par une grande quantité de
liquide ou par des fausses membranes très-épaisses,
les bruits de la respiration et de la voix sont très-
affaiblis et comme éloignés de l'oreille ; souvent
même on cesse de les entendre entièrement pour
peu que l'épanchement soit considérable.

Cependant, en même temps que les malades présentent du côté de la poitrine les symptômes qu'on
vient d'énumérer, ils sont atteints d'une fièvre plus
ou moins forte. Leur peau est chaude, leur respiration fréquente, leur pouls dur, serré et accéléré ;
il y a de la soif, du mal de tête, de la courbature
dans les membres, de l'agitation, de l'insomnie ;
l'urine est rare, odorante, foncée en couleur, l'appétit complétement perdu ; enfin il existe soit de la
constipation, soit un peu de diarrhée. En général,
la fièvre de la pleurésie est d'autant plus violente
que le point de côté est lui-même plus douloureux
et l'oppression plus grande. Il est rare cependant
qu'elle soit aussi intense ni surtout aussi prolongée que dans la pneumonie. Parfois même il est
difficile de la constater, tant elle est légère ; et si

les malades n'étaient effrayés par le point de côté, et la violence de la toux, ils refuseraient de se mettre au lit et continueraient à vaquer à leurs affaires.

Cependant, au bout de trois ou quatre jours, la fièvre, la douleur de côté, la toux et l'oppression, qui avaient été en augmentant jusqu'alors, commencent à diminuer, et le malade éprouve un peu de mieux. C'est habituellement aussitôt après la production de l'épanchement que survient cette première amélioration. Les jours suivants, le point de côté disparaît entièrement, la toux devient moins fatigante, l'oppression cesse, le pouls se modère, bien que la plèvre soit pleine de sérosité et que les désordres matériels de la pleurésie existent encore dans toute leur intensité. Bientôt après, la fièvre tombe tout à fait, la soif s'apaise, l'appétit renaît, les fausses membranes et la sérosité se résorbent, la toux devient de plus en plus rare, puis disparaît complétement, et le malade entre en convalescence.

Dans quelques cas cependant, la pleurésie aiguë n'a pas une issue aussi heureuse. Tantôt elle passe à l'état chronique, les fausses membranes et la sérosité contenues dans la plèvre refusant de se résorber et entretenant la maladie par leur présence. Dans quelques cas plus rares, la pleurésie aiguë est encore plus funeste et se termine par la mort. Quand il en est ainsi, non-seulement l'épanchement ne diminue pas, mais il change de nature. Il devient purulent et fétide; en même temps les malades sont repris de fièvre; tous les soirs ils ont des frissons suivis de chaleur et de sueurs abondantes; ils perdent l'appétit, ils maigrissent, leur figure prend une teinte terreuse, et ils ne tardent pas à succomber après une courte agonie, en conservant leur intelligence presque jusqu'au dernier moment.

La pleurésie présente des particularités dans ses symptômes, suivant son étendue, son siége et l'abondance de l'épanchement. Lorsqu'elle n'occupe qu'une médiocre surface du poumon, elle peut donner lieu à un point de côté très-douloureux, à beaucoup de fièvre et d'oppression, mais tous ces accidents durent peu; au bout de trois à quatre jours ils ont disparu, et, à la fin d'une semaine ou deux, la convalescence est achevée. Lorsqu'au contraire la pleurésie a envahi la totalité de la plèvre, la fièvre, la toux, le point de côté, tout en étant aussi violents que précédemment, persistent beaucoup plus longtemps; la convalescence est lente à s'effectuer, et la maladie ne passe que trop souvent à l'état chronique.

De même que la pneumonie, la pleurésie n'intéresse ordinairement qu'un seul poumon. Dans quelques cas cependant elle est double; elle produit alors une oppression extrême et met la vie en grand danger. Il en est de même de la pleurésie qui a son siége sur le diaphragme. En condamnant ce muscle à l'immobilité, elle gêne la respiration d'une manière affreuse et produit une angoisse inexprimable. Ces pleurésies du diaphragme sont d'autant plus à craindre que le plus souvent elles restent méconnues, l'inflammation de la plèvre diaphragmatique ne donnant lieu à aucun signe de percussion et d'auscultation et manquant ainsi de caractères propre à la faire reconnaître.

Dans les premiers jours de son existence, la pleurésie aiguë a une marche rapide et présente une prompte amélioration de ses symptômes. Mais, une fois la fièvre tombée, la douleur de côté disparue, l'oppression dissipée, lorsqu'il ne reste plus qu'à obtenir la résorption de l'épanchement, cette résorption se fait toujours avec une certaine paresse, alors même qu'elle est le plus rapide. L'épanchement diminue lentement, et quand il est résorbé, il laisse après lui les fausses membranes, plus lentes encore à disparaître. Souvent même, ces derniers vestiges de la maladie persistent indéfiniment, et la percussion les retrouve longtemps après la guérison chez des individus jouissant d'une excellente santé.

La durée de la pleurésie aiguë varie de quinze jours à un mois et même davantage, lorsque l'inflammation de la plèvre est très-étendue, l'épanchement très-abondant, ou, ce qui heureusement est plus rare, lorsque la maladie doit se terminer par la mort.

La pleurésie aiguë qui survient chez un sujet bien portant, et n'est compliquée par aucune autre maladie, guérit toujours heureusement, et ce qui

peut lui arriver de pire, c'est de passer à l'état chronique. Quand, au contraire, la pleurésie se développe chez des sujets affaiblis par les privations, les
excès ou les maladies ; qu'elle se montre dans le
courant ou pendant la convalescence d'une maladie
aiguë, d'une fièvre typhoïde, d'une pneumonie,
d'un rhumatisme articulaire ; qu'elle survient chez
un tuberculeux, un catarrheux, un emphysémateux ou un sujet atteint d'une affection du cœur;
dans ce cas, elle est une maladie des plus graves
et sa terminaison est le plus souvent funeste.

PLEURÉSIE CHRONIQUE

PLEURITE CHRONIQUE, EMPYÈME, POINT DE CÔTÉ, HYDROTHORAX, ADHÉRENCES DE LA PLÈVRE.

La pleurésie chronique est l'inflammation chronique de la plèvre. Cette maladie se présente sous deux aspects très-différents : tantôt elle est sèche et constituée par des fausses membranes qui soudent le poumon aux parois de la poitrine et suppriment ainsi sur une étendue variable la cavité de la plèvre ; d'autres fois, au contraire, la cavité pleurale reste libre, mais elle est remplie par une sérosité citrine, purulente ou sanguinolente, sérosité qui comprime le poumon et le refoule contre la colonne vertébrale en le réduisant au tiers ou à la moitié de son volume naturel. La pleurésie chronique avec épanchement est une maladie assez rare. La pleurésie sèche est au contraire très-fréquente, et il est peu de phthisiques arrivés à la troisième période qui ne s'en trouvent affectés.

Le plus souvent, la pleurésie chronique est produite par des tubercules durs ou ramollis situés à la surface du poumon. En effet, les tubercules ne manquent pas tôt ou tard d'irriter la plèvre, et il en résulte une inflammation de cette membrane. Cette inflammation est d'abord très-limitée, mais

elle se reproduit chaque fois que de nouveaux tubercules placés sous la plèvre viennent à se développer ; commençant par le sommet du poumon,
elle descend peu à peu jusqu'à la base de cet organe
et finit par en occuper toute la surface.

Naturellement, la production de la pleurésie
chronique est favorisée chez les phthisiques par
toutes les causes qui, en général, prédisposent à
l'inflammation, telles que les refroidissements, les
privations, les grandes fatigues, les excès de toute
espèce et surtout l'absorption des divers médicaments prodigués si largement aux poitrinaires.
Quand la pleurésie chronique n'est pas le résultat
de la phthisie pulmonaire, elle est causée par quelque autre affection du poumon, le plus souvent une
pleurésie aiguë qui n'a pas été bien soignée et a
été traitée par des sangsues et des vésicatoires.

Les symptômes de la pleurésie chronique diffèrent beaucoup, suivant qu'il existe ou non un
épanchement. Dans ce dernier cas, la maladie se
borne à une adhérence des feuillets de la plèvre,
et les phénomènes auxquels elle donne lieu sont
des moins prononcés. Au moment où la pleurésie
commence, il se produit à son niveau une douleur
fort vive ; puis, au bout de quelques jours, cette
douleur se calme et ne se montre plus que pendant
les inspirations profondes ou quand on percute un
peu fort sur les points malades. Cette percussion
donne un bruit plus mat et plus obscur que de
coutume, et en auscultant les parties siége de la

matité, on trouve que le bruit respiratoire y est plus ou moins affaibli. Mais pour que les fausses membranes de la pleurésie sèche donnent ces résultats, il faut qu'elles aient une épaisseur notable, et le plus souvent la matité et la faiblesse du bruit respiratoire sont dues non aux fausses membranes mais aux dépôts tuberculeux qui infiltrent le poumon.

Quand les adhérences de la plèvre sont très-nombreuses et occupent toute la partie supérieure du poumon, la poitrine présente une déformation remarquable. Elle est aplatie, rétrécie et notablement diminuée de volume; de plus, pendant les inspirations, les côtes restent immobiles et ne se soulèvent pas, comme cela a lieu dans le côté sain. Sauf ce léger accident, les adhérences pleurétiques ne produisent aucun trouble de la santé, et quand elles sont seules et non compliquées par des tubercules pulmonaires, le malade ne se doute même pas de leur existence.

La pleurésie chronique avec épanchement de liquide a des symptômes mieux caractérisés et surtout beaucoup plus fâcheux. Les malades n'ont pas, à proprement parler, de douleurs dans la poitrine, mais ils y éprouvent une gêne, une plénitude qu'ils attribuent avec raison à une masse d'eau remplissant leur corps et comprimant le poumon. En même temps, ils présentent une petite toux sèche peu fréquente, il est vrai, mais des plus pénibles et qui trouble leur sommeil. Enfin, ils respirent avec peine et se trouvent essoufflés dès qu'ils marchent ou parlent un peu vite. Dans certains cas cependant, dans les pleurésies dites *latentes*, ces divers symptômes manquent à peu près complétement. Les malades n'ont alors ni toux ni souffrance, ils ne se plaignent de rien sinon d'avoir la respiration courte, et c'est pour ainsi dire par hasard qu'on découvre chez eux l'existence d'un épanchement parfois énorme. D'autres fois, au contraire, l'oppression est extrême, les malades ne peuvent pas faire le moindre mouvement sans étouffer et sans avoir des palpitations; aussi sont-ils obligés de rester immobiles dans leur lit, assis sur leur séant ou couchés sur le côté siége de l'épanchement.

La pleurésie chronique présente les mêmes signes physiques que la pleurésie aiguë, mais plus prononcés. En examinant le côté malade, on le trouve notablement augmenté de volume; les espaces qui séparent les côtes sont plus larges que de l'autre côté et ils font saillie en dehors au lieu de rentrer en dedans; l'omoplate est abaissée; le cœur est repoussé à droite si la pleurésie siége à gauche; enfin, dans certains cas, la colonne vertébrale elle-même est déviée et légèrement incurvée. En percutant la poitrine, on trouve dans toute la hauteur de l'épanchement une matité absolue, et ce n'est que dans le haut du poumon qu'il existe un son plus clair ou même un *bruit tympanique*. A l'auscultation on constate que le bruit respiratoire a complétement disparu dans tous les points mats, mais en haut, à

la limite de l'épanchement on entend de la *respiration bronchique* et de l'*égophonie*. Naturellement, ces
derniers bruits manquent lorsque le poumon, trop
comprimé par la sérosité, a cessé de recevoir de
l'air et de fonctionner. Dans ce cas, il existe sur
tout un côté de la poitrine une matité absolue et
une absence complète du murmure respiratoire.

En même temps que les malades affectés d'épanchement chronique présentent les signes qu'on vient d'é-
numérer, ils offrent une altération profonde de leur
santé et s'étiolent d'une manière rapide. Ils perdent l'appétit, digèrent mal, se dérangent facilement du ventre ; leur sommeil est mauvais, et toutes
les nuits ils ont un accès de fièvre suivi de sueurs
abondantes. Sous l'influence de cette fièvre, ils maigrissent chaque jour davantage et deviennent de
plus en plus faibles ; ils ne peuvent plus faire un
mouvement sans avoir des étouffements et des palpitations ; leur figure prend une teinte terreuse ou
blafarde, et bientôt ils succombent soit tout à coup,
à la suite d'une syncope, soit après une courte
agonie.

Mais heureusement, tous les sujets atteints de
pleurésie chronique avec épanchement ne sont pas
condamnés à mourir, et quelques-uns, en petit nombre il est vrai, réussissent à se sauver. Alors l'é-
panchement et les fausses membranes se résorbent,
la toux cesse, l'oppression disparaît, et le poumon,
aspirant l'air dans toute son étendue, fonctionne
comme en bonne santé, sauf qu'il est uni aux côtes

par de nombreuses adhérences. Quelquefois cependant, lorsque l'épanchement pleurétique a été considérable et a persisté longtemps, la guérison est moins complète. Dans ce cas, le poumon, emprisonné comme dans une coque par les fausses membranes qui le recouvrent, reste imperméable à l'air, ratatiné, et réduit au volume du poing. On voit alors la poitrine suivre l'épanchement dans sa diminution et se rétrécir peu à peu du côté malade pour se rapprocher du poumon et se mettre en contact avec lui ; mais elle ne peut y réussir à cause du petit volume de cet organe, et la cavité de la plèvre reste en partie remplie par de la sérosité et des fausses membranes.

La durée de la pleurésie chronique avec épanchement varie de quelques mois à une ou deux années. Pendant ce laps de temps, elle présente ordinairement des améliorations passagères et des fausses guérisons produites par l'évacuation de la poitrine à l'aide d'une ponction. Malheureusement, au bout de quelques mois, l'épanchement se reconstitue, la toux et l'oppression reparaissent, de nouvelles opérations deviennent nécessaires, et ce n'est qu'après en avoir subi trois ou quatre que les malades finissent par guérir ou par succomber.

PNEUMOTHORAX

ÉPANCHEMENT D'AIR DANS LA PLÈVRE.

Le pneumothorax est un épanchement d'air
dans la cavité de la plèvre. Quelquefois cet air existe
seul, mais le plus souvent il est mélangé avec une
certaine quantité de liquide qui remplit les parties
les plus déclives de la cavité pleurale. Le pneumothorax est une maladie fort rare, et beaucoup de
médecins passent leur vie sans en rencontrer un
seul exemple.

Dans l'immense majorité des cas, le pneumothorax se produit chez des phthisiques arrivés déjà
au troisième degré et ayant leur poumon creusé
de vastes cavernes. Celles-ci situées immédiatement sous la plèvre, ulcèrent cette membrane, et
il suffit alors d'un effort quelconque, d'une quinte
de toux, d'un éclat de rire, d'un accès de colère,
pour rompre la paroi de la caverne et mettre
les bronches en communication avec la plèvre. Si
le pneumothorax est aussi rare, tandis que la phthisie est si fréquente, cela vient de ce que la plèvre,
enflammée par le voisinage des excavations tuberculeuses, se recouvre de fausses membranes, qui
fixent le poumon contre les côtes et détruisent ainsi

tout vestige de cavité pleurale où l'air pourrait s'é-
pancher.

Lorsque le pneumothorax n'est pas le résultat
d'une ulcération tuberculeuse, il est produit par
des causes très-diverses, telles qu'une blessure,
une déchirure du poumon, une gangrène, un abcès, un cancer de cet organe. Enfin, dans certains
cas extrêmement rares, le poumon n'est pas perforé,
et l'air contenu dans la plèvre ne vient pas des
bronches, mais il s'est développé sur le malade
même, par suite de la fermentation et de la décomposition des liquides enfermés dans l'intérieur de la
poitrine.

Le pneumothorax débute le plus souvent d'une
manière très-brusque. Tout à coup, ordinairement
après un accès de toux, le malade sent quelque
chose de frais qui coule dans sa poitrine et la
remplit ; puis il éprouve une douleur excessivement violente dans le côté, douleur causée par l'entrée de l'air dans la plèvre, en même temps qu'il
est pris d'une suffocation extrême, à tel point qu'il
est obligé pour respirer de rester assis dans son lit.
Cependant, quand l'épanchement d'air n'est pas
très-considérable ou qu'il s'effectue peu à peu, il
n'existe ni douleur ni oppression, et le pneumothorax ne se trahit que par les signes physiques
indiqués ci-dessous.

En imprimant au corps une forte secousse, on
produit un bruit de *glouglou* caractéristique très-
facilement perceptible pour les assistants et pour le

malade lui-même. Ce bruit est causé par le mélange
de l'air et du liquide contenus dans la plèvre, et il
ressemble exactement au *glouglou* qu'on obtient en
agitant une bouteille à moitié pleine. Il ne s'observe
que dans le pneumothorax et jamais on ne le rencontre dans les épanchements de liquide seul, si
abondants qu'ils soient, pas plus qu'on ne produit
de *glouglou* en agitant une bouteille entièrement
remplie d'eau.

En percutant le côté siége du pneumothorax,
on obtient en bas, au niveau de l'épanchement liquide, une *matité* considérable ; en haut, là où
existe l'épanchement d'air, il y a au contraire une
sonorité exagérée de la poitrine, qui retentit comme
un tambour.

En auscultant le poumon malade, on trouve dans
toute son étendue une grande faiblesse du murmure respiratoire qui de plus a un timbre *amphorique* bien prononcé. En même temps, mais d'une
manière très-irrégulière, on entend un bruit particulier, le *tintement métallique*, dont il a déjà été
question à propos de la phthisie pulmonaire. Enfin,
quand le pneumothorax est considérable et que le
poumon comprimé par l'air a cessé de fonctionner,
le côté malade est entièrement silencieux ou ne
donne lieu qu'au bruit de *glouglou* signalé plus haut.

Lorsque le pneumothorax doit guérir, ce qui est
bien rare, l'air contenu dans la plèvre se résorbe
peu à peu, et avec lui disparaissent l'oppression et
le point de côté causés par sa présence. Quand

au contraire la maladie doit avoir une terminaison fâcheuse, celle-ci peut arriver de deux manières différentes. Tantôt la douleur et la suffocation du début vont toujours en augmentant, et le malade périt au bout de quelques heures, ou tout au plus d'un ou deux jours, emporté par une pleurésie sur-aiguë qui occupe toute la surface du poumon.

D'autres fois, la poitrine semble s'habituer à l'air contenu dans son intérieur. Dans ce cas, la douleur et l'oppression, si elles existaient, diminuent promptement, et il s'établit une pleurésie chronique dont la suppuration infecte empoisonne le malade et le fait succomber au bout de quelques semaines ou de quelques mois.

FIN

TABLE DES MATIÈRES

Pages

PRÉFACE.. v

MALADIES DES VOIES RESPIRATOIRES.......... 1

MALADIES DES FOSSES NASALES.............. 3

ÉPISTAXIS : Hémorrhagie nasale, saignement de
nez.. 4

CORYZA'AIGU : Rhinite aiguë, catarrhe nasal, rhume
de cerveau, enchifrènement.................. 13

CORYZA CHRONIQUE : Rhinite chronique, rhinorrhée,
catarrhe nasal, flux nasal, enchifrènement..... 20

OZÈNE : Coryza ulcéreux, ulcère fétide du nez, punaisie, nez punais, fétidité des narines....... 23

POLYPES DU NEZ : Excroissances des fosses nasales,
fongus dans les narines...................... 28

MALADIES DE LA GORGE....................... 34

ANGINE AIGUE : Amygdalite aiguë, pharyngite aiguë,
angine pharyngée, angine catarrhale, esquinancie, mal de gorge............................ 35

ANGINE COUENNEUSE : Angine pseudo-membraneuse,
pharyngite couenneuse, pharyngite pseudo-
membraneuse, diphthérite, angine diphthéritique, angine maligne, angine suffocante....... 44

ANGINE CHRONIQUE : Amygdalite chronique, pharyngite chronique.............................. 53

ANGINE ULCÉREUSE : Amygdalite ulcéreuse, pharyngite ulcéreuse, chancre de la gorge........... 57

Pages

MALADIES DU LARYNX......................... 63

LARYNGITE AIGUE : Enrouement, rhume.......... 64

LARYNGITE SUFFOCANTE : Laryngite aiguë intense,
laryngite striduleuse, laryngite spasmodique,
faux croup, pseudo-croup, asthme aigu, asthme
de Millar, catarrhe suffocant................ 68

CROUP : Laryngite pseudo-membraneuse, laryngite
couenneuse, diphthérite du larynx..... 76

LARYNGITE CHRONIQUE : Enrouement, raucité de la
voix................................. 86

LARYNGITE ULCÉREUSE : Ulcère de la glotte, chancre
du larynx, phthisie laryngée.............. 88

OEDÈME DE LA GLOTTE : Laryngite œdémateuse..... 94

APHONIE : Perte de la voix, extinction de la voix.. 98

MALADIES DE LA TRACHÉE.................... 103

TRACHÉITE AIGUE : Rhume................... 104

TRACHÉITE PSEUDO-MEMBRANEUSE............... 106

TRACHÉITE ULCÉREUSE : Phthisie trachéale... 108

MALADIES DES BRONCHES.................... 110

BRONCHITE LÉGÈRE : Rhume, irritation de poitrine. 112

BRONCHITE INTENSE : Catarrhe pulmonaire, catarrhe
aigu, grippe.............................. 120

BRONCHITE CAPILLAIRE : Catarrhe suffocant, péripneumonie, pneumonie bâtarde, asphyxie par
écume bronchique...................... 129

BRONCHITE PSEUDO-MEMBRANEUSE : Croup bronchique, catarrhe suffocant................... 136

BRONCHITE CHRONIQUE : Catarrhe, catarrhe pulmonaire, rhume négligé, dilatation des bronches,
bronchorrhée......................... 138

COQUELUCHE : Toux convulsive, toux bleue....... 151

ASTHME NERVEUX : Asthme aigu, asthme essentiel,
dyspnée, orthopnée, accès de suffocation 163

Pages

MALADIES DU POUMON............ 171

HÉMOPTYSIE : Crachement de sang, vomissement
de sang, pneumorrhagie, hémorrhagie du poumon.................................... 172

APOPLEXIE PULMONAIRE : Hémorrhagie interstitielle
des poumons, pneumorrhagie, hémoptysie foudroyante................................ 183

PNEUMONIE : Pulmonie, péripneumonie, fièvre
pneumonique, fluxion de poitrine............ 187

PHTHISIE PULMONAIRE : Tubercules des poumons,
tuberculisation pulmonaire, phymie, pneumo-
phymie, consomption pulmonaire, étisie, maladie de poitrine, rhume négligé.... 220

EMPHYSÈME PULMONAIRE : Dilatation des vésicules
pulmonaires, asthme..................... 270

MALADIES DE LA PLÈVRE...... 280

PLEURÉSIE AIGUE : Pleurite, empyème, point de
côté.................................. 281

PLEURÉSIE CHRONIQUE : Pleurite chronique, empyème, point de côté, hydrothorax, adhérences
de la plèvre........................... 295

PNEUMOTHORAX : Épanchement d'air dans la plèvre. 301

FIN DE LA TABLE

A. PARENT, imprimeur de la Faculté de Médecine, rue Mr-le-Prince, 31.